全圖解！

避開 99%

簡報地雷

職場商業簡報實戰懶人包

鮑浩賢 Levin
外商銀行顧問

「商業簡報地雷懶人包」附錄與
簡報模板下載，
短網址：https://bit.ly/2022levin

你的簡報夠貼心嗎？

林長揚 簡報教練、《懶人圖解簡報術》作者

每次在教簡報課程時，我都會先問學員一個問題：「你對於好簡報的標準是什麼？」

學員大多會說「投影片要好看」、「講者台風要穩，講話要清楚。」「簡報架構要能抓住觀眾的注意力。」這些都是好答案，但跟我心中的標準仍有一點差異。

某次課程中，有位學員說出了我心中的答案：「好簡報就是要對觀眾貼心。」

你可能會覺得簡報就是簡報，又關貼心什麼事呢？

所謂的貼心就是把觀眾放在心上，讓整場簡報以觀眾為主，如此一來你的目標就不會是上台展現自己，而是幫助觀眾有效理解簡報重點。這樣的出發點會影響到你的學習方向、製作方法與上台表現。

就拿投影片當例子，如果你把觀眾放在心上，你不會只學絢麗的設計方法或動畫技巧來表現自己多厲害，而是會思考如何在簡潔與好理解中達到平衡，讓投影片與你的講解相輔相成，幫助觀眾好吸收。而簡報其他的元素，例如內容萃取、架構鋪陳、口語與肢體表現、場地準備等，也都是同理。

因此未來在規劃簡報時，推薦你先想想有沒有把觀眾放在心上，只要出發點對了，我相信不管是在學習、練習、實戰都會有好結果。請記得，簡報不是用來炫耀你會多少技巧，而是用來展現你對觀眾有多貼心。

而這本書分享的許多技巧都符合這個概念，讓我們一起閱讀這本好書，成為貼心的簡報者吧！

踏進辦公室，實踐簡報的最後一哩路

鮑浩賢 *Levin* 外商銀行顧問

「噢，又是另一本簡報書？」拿在手中，你心裡可能正在這樣想。

你有沒有試過看了書、上了課，學了新技巧，滿懷希望等待下次做簡報機會，才發現進步沒有想像的明顯？我試過。即使十多年前已經從國外訂購簡報書，還跑到矽谷上簡報課，偶爾仍有這樣的失落感。問題就出在，尚未補完簡報的最後一哩路。

在日常工作中，你的簡報通常用在數據分析、技術簡介、例行會議、專案推進、甚至是推行某些富爭議性的政策。這時候，那些滿屏圖片、超大文字、驚喜道具、妙語金句等熱門方法，對你來說就未必經常有用。

來到辦公室的現實，你每每沒有充裕時間預備簡報，還要應付老闆、同事和客戶對簡報的其他要求，完成了簡報還要應對問答環節與跟進。想知道忙碌又牽涉大量商業邏輯的上班族，如何做好企業職場簡報？這本書就能為你補足這一塊。

就像小說中的武林高手，在學會招式外，這本書會協助你明白箇中原理、使用時機、招式限制，長遠來說才可以靈活運用，化為你真正擁有的技術，而不是一時三刻複製貼上的進步。

作為資深上班族，職涯大約走到了一半，所寫的也正是這些年來我的跌碰經驗。我不是天生的溝通能手，內向文靜，工科出身，所以更能明白你在簡報路途會遇見的疑難痛處。作為學長，分享給你的撇步，也許沒有光鮮亮麗的名堂，但正正是我們真正在日常職場運用的辦公室生存技巧。

不要滿足現狀，我仍然在學習，也期待與你在簡報的最後一哩路一起進步。

目錄

PART 3　設計簡報內容聚焦重點

你最需要的技巧與不可踩的地雷

PART 4　應對簡報現場說服聽眾

你最需要的技巧與不可踩的地雷

PART 1

接到簡報任務
使命必達

你最需要的技巧與不可踩的地雷

1-1 新工作的第一份簡報，如何小心職場政治？

　　無論是職場菜鳥還是老手，都有機會在職涯中轉換到新的工作環境。起初你的職責可能只是彙整一下文件，到經驗累積夠了，或是公司對你建立起信心的時候，就會迎來你第一次在新公司做簡報的機會。不管你在之前做商務簡報的經驗是多或是少，在新的環境下，第一次在其他同事面前做簡報，還是有一些撇步需要留意一下。現在我們就一起從「順、利、完、成」四個角度去了解，新環境中第一份簡報所要具備的策略吧！

入職新工作後第一次簡報的
四個應對策略

順應公司潮流　不要只顧利己　善用時間完結　成就不在一時

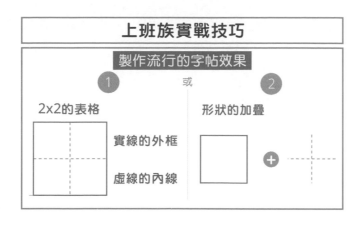

順：順應公司潮流

如果你的職位本身有機會做簡報，或是你希望有天能夠擔當做簡報的職責，最好從入職開始就留意公司的簡報潮流。公司內部是否有簡報模板？是否大部份人有使用模板？使用的程度是只挑封面封底，還是內容格式也跟從到底？文字大小有沒有彈性？同事愛使用圖片嗎？依書直說是否普遍？圖表是否有預設格式？有沒有人用簡報遙控？老闆在做簡報的時候，大家是否也拚命擠上笑容？問答環節是否鴉雀無聲？

透過參與大大小小的會議，或是參考內部的文件，你慢慢會在心中對公司的普遍簡報模式有了個底。這種了解未必是你喜歡的結果，你可能不認同當中某些做法，但是作為新入職的你，還是需要多一點忍耐。

也就是說，第一次簡報的設計，不用把你學會的十八般武藝施展出來，尤其如果公司的簡報潮流比較保守的時候。雖然，要跟從自己一些不認同或是不喜歡的做法，你可能會覺得壓抑了你的本事，然而你先要認清楚的是，職場簡報並不是簡報比賽。

你需要留下的印象應該是工作能力和成果，而不是你的簡報技巧與其他人大有分別，切記，出頭鳥並不好當！

然而要在公司生存，就要從此放棄、隨波逐流嗎？也不用擔心，可以嘗試「+1」。

「+1」的意思是，在公司的簡報潮流中，每次簡報都加上一項你的小改進。第一次簡報可能是把文字放大一點，或是加強空間、注意留白等，先從一些會令觀眾看得更舒服的技巧開始，集中在比較少爭議性的改進。透過這種循序漸進的方式，你可以測試一下同事、上司對這些改進的接受程度。情況許可後，你便可以嘗試調整圖表，減少數據表達時的噪音，加強重點的突顯，這些都是有機會讓主管看見並欣賞的改變。

到了你有一定程度的聲望，再把其他簡報秘技都施展出來也不算遲。

順｜順應公司潮流

簡報的改進

				加強趨勢突顯
			減少數據噪音	減少數據噪音
		調整資訊圖表	調整資訊圖表	調整資訊圖表
	改善留白空間	改善留白空間	改善留白空間	改善留白空間
放大內容文字	放大內容文字	放大內容文字	放大內容文字	放大內容文字
1	2	3	4	5

簡報的次數

循序漸進地把你的簡報技巧帶進新的工作環境

利:不要只顧利己

　　終於有機會站出來做簡報,你或許會覺得好像是踏上了舞台,然而,有時候也要煞停一下這個方向的思路。電影或是電視劇中的男女主角,在台上俐落地做簡報,引來觀眾的驚嘆,幽默地躲開惡意的問題,像是頭上有光環一般走下台,接受同事擊掌的祝賀……我們還是回到現實吧!你在公司的第一次簡報,假設沒有搞砸,只是台下觀眾參與的眾多簡報之一,對他們來說也許只是過眼雲煙的一個小時。

　　不要抱有「讓你們看看我的厲害」的念頭,誤把這個簡報的機會當作你的個人表演。

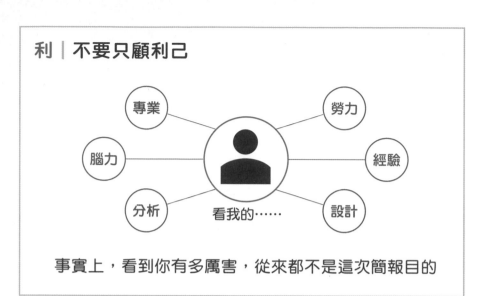

利｜不要只顧利己

看我的……

專業　勞力　腦力　經驗　分析　設計

事實上，看到你有多厲害，從來都不是這次簡報目的

第一次在新公司做簡報，最容易犯的錯誤就是把自己放大。你會很想讓大家看得到你的專業背景，看得到你搜集到那麼多的資料，看得到你平日在職位所學會的，看得到你比其他人獨到的分析。

把「自己」想得太多，在規劃或是訂立簡報內容的時候，容易塞進了很多會令你自豪的內容或是角度。例如上司派你評估工廠作業的流程，你親自到了工廠視察，與職員做了對談訪問，預備了精美的流程圖，最後到了做簡報的時候，你洋洋灑灑地述說了二十個作業流程要改善的地方。看得見勞力嗎？看到。看得見腦力嗎？看到。但是上司並不滿意，為什麼？

先暫停從自己的角度出發，想一想觀眾想要的是什麼。作業流程的問題，不就是愈多愈詳細愈好嗎？但你有沒有想過，在座的觀眾真的需要在簡報的時候，聽你闡述二十個改進裡面的每一個嗎？聽到第五個的時候，大概也開始忘記了第一個改進點了。於是，這樣簡報的成果就

變成在展示你的分析能力與時間付出，但對於想改進作業流程的管理層來說，認知你的努力從來都不是這個簡報的目的。對他們更有用的是，哪一些會帶來作業的風險？哪一些會帶來工時或是預算的節省？或是哪些改進點真正對應公司今年的目標？二十個痛點，簡報時只選擇最相關的、最迫切的三五個便可，把二十個通通都說完，就會令簡報失去了焦點。

你可以透過表列的形式補上其餘的改進點，讓觀眾感受到改進點的量的同時，也明白到你的勞苦付出，而不要把簡報內容變成只是在秀自己的付出與能力。

利｜不要只顧利己

痛點#01	痛點#02	痛點#03	痛點#04
痛點#05	痛點#06	痛點#07	痛點#08
痛點#09	痛點#10	痛點#11	痛點#12
痛點#13	痛點#14	痛點#15	痛點#16
痛點#17	痛點#18	痛點#18	痛點#20

痛點 TOP #1

痛點 TOP #2

痛點 TOP #3

其餘痛點

資訊過載，缺乏層次
只感受到數量和你的付出

架構分明，容易跟進
你的分析令報告再增值

完：善用時間完結

職場上的第一印象很重要，你在公司的第一次簡報除了內容要貼近觀眾需要外，時間的掌握更要留意。一個小時長的會議，並不是希望你把整個小時都塞滿。

塞太滿的簡報，加上大部分人在緊張的時候，都很容易忘詞且語速加快，忘詞會令你的表達變得結結巴巴，顯得缺乏信心。

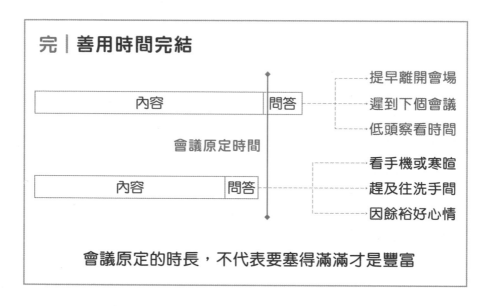

最理想的簡報完結時間是預留五至十分鐘，可能有少許問答，但大家最後也有足夠空間跑下一場、休息一下、寒暄一下、或是看一下手機。

簡報的時間控制，除了經驗累積以外，最老掉牙的預演是有作用的。你未必要預演全部內容，可以嘗試內容的四分之一或是三分之一，再比對會議的時間，便能了解到超時的風險來作出修正。

成：成就不在一時 ───────○

　　在公司的第一份簡報，沒有人能保證必能圓滿成功。在辦公室裡戴著面具上班的人何其多，你在會議中看見的反應未必一定是從心而發，有些人也許因為你的新人身份而故意挑戰讓你尷尬，或是故意吹捧讓你自滿。在山頭文化下，觀眾給你的評價也可能是來自你的部門或上司的影響力，而不一定是就著你的簡報而來。

　　因此，在職場能夠找到真誠的回應是不容易的。在簡報以前，你也應該花一點時間在建立辦公室的人際關係上，誰知道哪個時候會需要誰的幫助，特別是如果你轉職到此之前已經有一定經驗，不要嘗試把以前的一套完全的搬過來，更要小心不要經常在人前比較現在和以前的公司和上司，隔牆有耳，還是先做好自己吧！

成 ｜ 成就不在一時

> 有沒有改進的地方？

（他是想要人安慰嗎？）
（就敷衍一下吧）

> 沒有啊。

> 我想知道一個我可以改進的地方

> 對啊，在開場的時候……

要獲得真誠的回應，你需要特定的問法

珍惜能夠給你批評的回應，善意也好、惡意也好，先不要動怒，把回應都收集起來，過一兩天情緒過了再看，只要是言之有物，可以幫助我下一份簡報，哪怕是粗魯的言語，我也會覺得慶幸，因為他們其實可以靜靜看你犯錯就好。要是你的簡報模式、技巧，跟上司的要求或是公司的文化有衝突，還是愈早修正愈好，免得自鳴得意。

　　要是同事或上司只跟你說門面的評語，你可以嘗試特定的問法，例如：「我想知道一個我可以改進的地方。」，而不要用「有沒有改進的地方？」，因為這種問法，對方想敷衍你的話，或是誤會你想要安慰，便會很自然地回答：「沒有啊！」。

　　記得把可以修正的地方寫下來，因為你下一份簡報可能是幾星期甚至幾個月之後，到時候你自然會把剛剛收到的回應都忘掉了，這不單浪費了經驗，重覆的犯錯更可能會帶來更壞的印象。

上班族學習總結

1 融入新的工作環境，先觀察同事上司如何做簡報

2 簡報之目的從來都不是用來表達你有多厲害

3 會議在最後預留一點兒呼吸時間，配合同事忙碌日程

4 簡報過後尋找及珍惜真誠的回應，並切實地改進

1-2 上司突然要我明天去做簡報！
沒有時間了怎麼辦？

緊急產出簡報的有效流程

上班族相信都經歷過的場景：計劃好下班後節目，心裡暗暗在期待，突然主管來信，收到上司電話，要自己明天在會議中上台報告。弱弱的回答：「沒……沒問題啊。」接下來，才是麻煩的開始。這時候應該怎麼做比較好？

先確認時、地、人，爭取可能時間

別急！先確認會議人物、會議地點，並確認會議時間，有可能為你爭取到多半天一天的時間去準備。

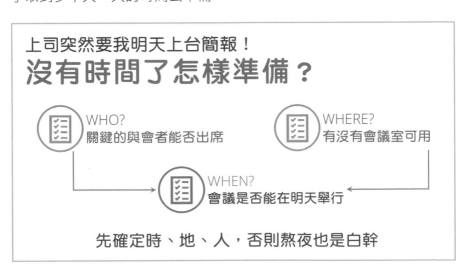

上司突然要我明天上台簡報！
沒有時間了怎樣準備？

WHO?
關鍵的與會者能否出席

WHERE?
有沒有會議室可用

WHEN?
會議是否能在明天舉行

先確定時、地、人，否則熬夜也是白幹

確認簡報對象與目的，不一定要設計
完整投影片

要是出席者及場地都沒有問題，或是主管早已把會議都安排好了，我們就只有立刻開始準備簡報，這時候先再次抑制打開簡報軟體的衝動。

我們要跟主管確認，簡報的性質是甚麼？因為針對不同的簡報對象、目的，我們需要準備的簡報份量也有差別。有時候我們要準備完整投影片，但有時候其實把工作文件準備好就可以。

先列出簡報大綱，立刻跟主管討論

　　確認的過程當中，你也應該先草擬好一個表列式的內容大綱，讓主管給予意見。能夠快速預備好簡報大綱，可以顯示你對簡報題目和內容的掌握，以及面對壓力下的工作效率，這樣可以加強上司對你的信任。反過來說，要是簡報大綱的內容或是方向有錯，愈早知道問題來進行修正，就不用浪費努力時間，也不會在簡報前才出現「這不是我所想要的」這種場面。

立刻準備好簡報需要的文件材料

　　就像烹飪一樣，知道今天要煮甚麼，在開火料理之前，準備好食材也是重要的過程。商務簡報大部分時候都牽涉文件，而文件來源多數來自你的郵件，或是公司的共享資料夾。這個時候，上班族切記要在下班前先把所有材料找出和下載，我不只一次晚上在公司加班時，郵件伺服器當機了，或是共享資料夾無法連上，結果影響到工作的進行。所以不要假設你所需要的文件或內容一定可以隨手找到，材料要齊備才開始製作簡報。

　　上一次會議的簡報或是會議紀錄也同樣重要，時間所限，不要從頭做起，而要在基本素材上製作投影片，這樣很快便能完成數頁，對建立信心和安撫情緒更有幫助。

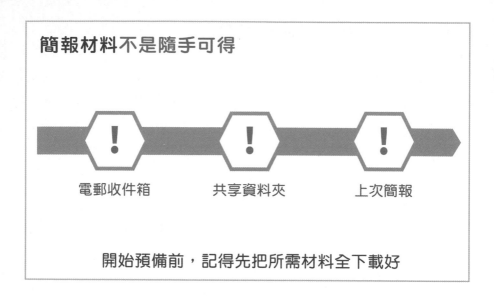

簡報材料不是隨手可得

電郵收件箱　　　共享資料夾　　　上次簡報

開始預備前，記得先把所需材料全下載好

優先處理簡報內容的整體完成度

　　找來了簡報的基本素材，做好了基本封面和目錄頁，下一步就是專攻內容。在有限的時間下，簡報的內容完成度比一切重要！所以先不要花時間找尋圖片或圖示，待內容穩定後再美化也可。

　　簡報內容很難全是純文字，然而在需要快速製作投影片的時候，可以考慮先利用全文字走一遍，讓簡報的內容部分至少有最基本的保障。預定要有圖表、表格、流程圖等視覺化的地方，在講者筆記欄留下註腳。這樣做可以避免因為太專注於某一頁的視覺化處理而耽誤時間。

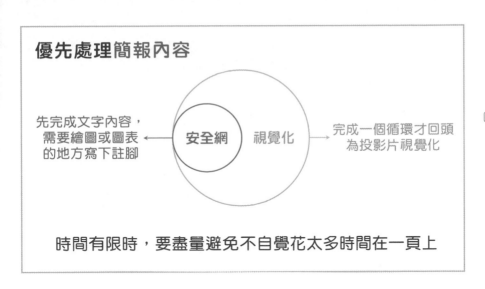

緊急有效率產出簡報的工作流程 ——————————○

　　要提升大綱產出的速度，建議可以用純文字的軟體以免自己分心，先把大綱設定好，然後匯入簡報軟體，讓軟體自動生成不同頁數的投影片，然後再作排版、擴充和美化。

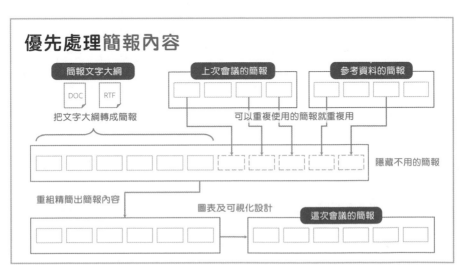

上班族學習總結

1. 不要立刻進入恐慌模式，先確定參與者及場地是否可配合

2. 會議的模式決定了是否需要或是需要哪一種投影片

3. 先下載或要求簡報所需材料，免得出現技術問題而拿不到

4. 內容的完整性為最優先，設計可以是下一步才處理

1-3 需要管理層作決定的簡報，跟其他簡報有甚麼不同？

5 個跟老闆報告不能踩的地雷

在企業世界中，自然會有不少的情境需要去提請管理層作出決定。有些提請場合需要進行簡報，上班族在準備之前，要先明白這些請管理層作決定的簡報，與平時預備的簡報有甚麼不同，免得問題解決不了的同時，大老闆也會對你留下了壞印象。

簡報不要戲劇化，請直指核心訊息

需要管理層作決定的簡報，
跟其他的簡報有甚麼不同？

開場就要直接談到需要
討論的困難或是分歧

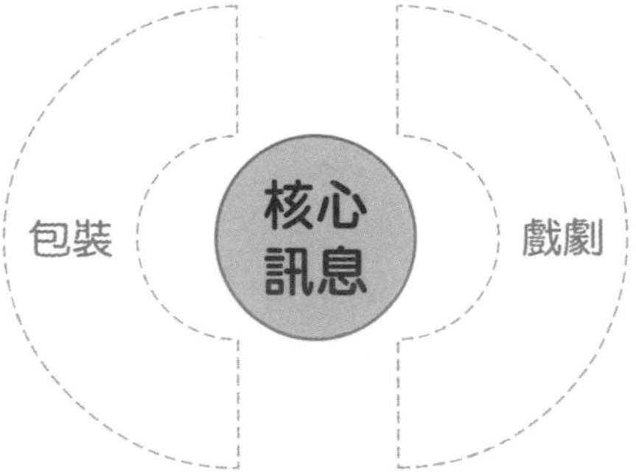

包裝　　核心訊息　　戲劇

簡報的開場，為了吸引觀眾的注意力，有些人會喜歡用上令人驚異的數據，或是懸疑的故事。提請管理層作決定的時候，就不要做這樣的鋪陳，以免浪費了大家的時間。開場就要直接談到需要討論的困難或是分歧，論調需要實事求是，以事實為根本，放下情感的包裝和引導。投影片的標題最好就是該頁的結論，不利的消息就直接地顯示，不要用上花言巧語的修辭。

自尊心別放太重，被打斷很正常

管理層的時間寶貴，你在簡報中闡述事實的時候，有時會因為曾經討論過、或是管理層對這件事很熟悉等各種原因，你會聽到一聲無情的：「next（下一頁）」，或是因為低頭查看了電郵而錯過了你的論點，而要求再聽一次。這時候，別讓自己的情緒和自尊心作祟，管理層這樣做並不是故意刁難，你在簡報中最需要的，是得到管理層的決定，不要因為一句話而自亂陣腳。

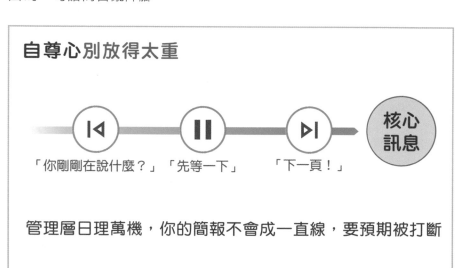

自尊心別放得太重

「你剛剛在說什麼？」　「先等一下」　「下一頁！」　核心訊息

管理層日理萬機，你的簡報不會成一直線，要預期被打斷

沒有準備好數據，不如延後會議

在簡報和會議中，為了應付難纏的問題，我們都會在心底預備好一張「讓我先回去核實，再跟您確認」的卡，必要時運用出來為自己脫身，但是面對管理層的會議時，他們可能沒有時間等你下一次再來確認資訊。所以面對管理層的簡報，我們應該準備好問題與回答，讓會議可以在這一次就解決問題。

不是花言巧語就能脫身

「讓我先回去核實，再跟你確認」

在普通的簡報，這可以是一個體面的回答

核心
訊息

要把話題帶到管理層面前，做好準備已經是基本的期望

你通常面對的，是一個由公司高層組成的委員會，他們能夠在重重疊疊的行事曆中，騰出時間來進行會議，你要確保這是值得的。

首先是簡報的內容，背景資料及分析，是否已經足夠讓管理層來做決定？要是下星期數據才齊全，就情願把會議延期而不要打擾了老闆們時間。

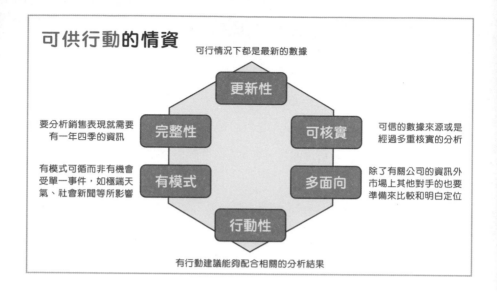

不要只從自己角度,要從老闆角度分析

　　終於踏進了會議室,好好地把問題闡述時,投影片的設計要留意甚麼地方呢?最重要的一點,就是你的簡報內容有沒有考量到老闆的角度。

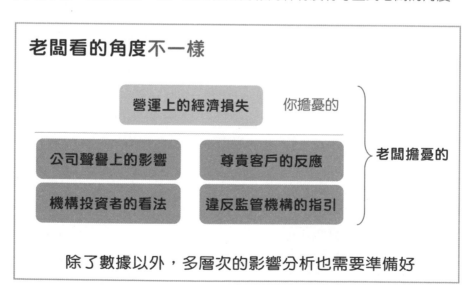

不要只是報告，請預備好你的答案

　　針對管理層的簡報，請嘗試把整個問題、背景、分析和建議放在同一頁投影片上，讓管理層一次就能掌握所有細節。投影片最底部則是選項部分，每個選項可以放上一個小正方形，就像是在做選擇題一樣，有些管理層很喜歡這種設計。

提請管理層決定的投影片設計

點題

> 背景

> 分析或各部門的意見

> ☐ 選擇1及其影響　☐ 選擇2及其影響

注重層次和結構，由背景到最後的選擇題

　　神聖的時刻來到，老闆們終於開口，但不是說明決定，而是問你「你自己怎樣看呢？」一定要預備好回答這種問題，你可以帶一點分析去回應，但必須要有傾向性的建議。面面俱到式的回應，例如選擇一很好，選擇二也不錯，在這個關頭是用不著的，他們是想聽你的意見，不要浪費管理層的時間。

　　第二種問題，會出現在一些複雜的提案當中，可能需要多一點時間做決定，就會出現「我們是否要今天做決定？」的問題。你如果回答

「是」，就要心裡預備好解釋，因為回應大多數會是「那為什麼之前沒有人提出？」暗示著今天的提案是否借時間之便催迫他們選擇某一個決定。你如果是回答「否」，那就要知道確切死線在何時，而不是亂說一個。

只要避開上述的地雷，帶上適當的裝備，選擇成熟的時機，管理層不一定是張牙舞爪的怪獸，你也可以從中得到他們的決定，來繼續推進手頭上的工作。

上班族學習總結

1. 需要管理層作決定的簡報，宜直入正題
2. 要有被打斷或是觀眾分心處理工務的心理準備
3. 管理層的時間寶貴，必要的資料及數據都要齊備否則寧願延期
4. 你以為重要的事項未必是唯一重要的，了解管理層看的角度
5. 管理層是否要即日做決定？有沒有其他的死線或影響？

1-4 向他人簡報自己團隊，小心人際關係雷區？

準備成員照片簡報頁的技巧

團隊介紹頁，用途不限於辦公室內的簡報，由學校簡報的開場白，到活動嘉賓的進場，到商演座談會的背景，到創投募資的簡介，到公開講座的宣傳都適用。然而粗心大意下，有很多機會讓你進行人際關係或公司仕途的花式自殺！

準備一頁團隊介紹，可以帶來很多好處

團隊介紹頁雖然要花一點時間準備，然而好處很多！

團隊介紹頁帶來的好處

1 誰是誰？ — 拍下團體介紹頁，免得回家面對卡片卻已經忘記誰是誰

2 怎樣拼？ — 遇上英文名字時，不用擔心聽錯或是抄錯帶來的尷尬

3 起你底！ — 觀眾暗地搜尋你的履歷，正面的結果令你更具可信性

4 初印象！ — 在非正式的簡報，配上生活照片可以帶來人性化的印象

5 次印象！ — 簡報後段再上台的時候，觀眾見過你的相片而有熟悉感

看似簡單，但用錯照片形狀差很大

　　把好說話都說過了，到狠話出場的時候。團隊介紹頁，都是照片、名字、職位而已，但其實很容易犯錯，導致不好的影響。

團隊介紹頁的雷區｜用錯照片形狀

圓形
安全、傳統

平行四邊形
動感、突出

長方形
灰階照易有殯儀感

團隊介紹頁的雷區｜用錯照片形狀

要是老闆堅持要長方形正方形，可以考慮半框式設計

約為臉部的一半

成員、來賓多時，注意照片比例

團隊無論在內在外都會有互相比較，要是介紹頁中有兩人是大頭照，一人是半身照，觀眾會覺得奇怪，嘉賓自然也會投訴。哪怕是跟所有嘉賓拿大頭照，也會有大小比例的問題，所以要調整一下，基線是頭頂到下巴的比例要一致。

團隊介紹頁的雷區｜用錯照片比例

有多張照片自然有比較，差異性要想辦法降低

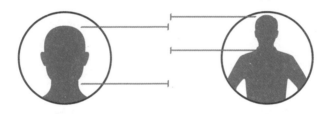

頭項到下巴的距離為基線來剪裁照片，以提升一致性

用錯照片顏色，可能導致失禮

　　歐美的公司近期非常流行黑白或灰階化的企業大頭照，一致的專業感而又壓下了膚色的差異。所以當從嘉賓或同事手中收到大頭照的時候，顏色的差異性也會浮現，有的也許是流行的灰階，有時堅持要用彩色覺得黑白不吉利，有的索性把護照照片傳來了。

　　先去背多數錯不了，至少帶來了一點一致性，但是彩色與灰階的爭議就要多注意。要是四張照片中有三張是灰階黑白，那彩色的那位會否覺得被孤立了？觀眾會否因而覺得這一位的形象老套？要是色彩有差異，最好先請教一下同事嘉賓的意見，是否堅持要用自己喜歡的顏色，最好做到皆大歡喜的結局。

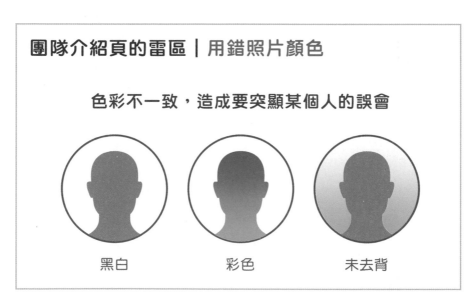

多人大頭照，注意大家的照片方向

　　不是每一個人的大頭照都是正正向前，可能有人覺得四六臉好看，有人不要直望鏡頭。如果沒有人員排序問題，非正中的視線最好是望向投影片中間，營造團隊合力的感覺，而不要有人視線向外，看上去好像要脫隊了。

團隊介紹頁的雷區｜注意視線方向

照片目光未必完全面向鏡頭，但最好面向投影片中央

非面向鏡頭，但臉朝中央　　　　　　　非面向鏡頭，但臉往外看

注意每個成員、來賓的稱謂用字

　　軟體的自動更正功能，有時會強行改了英文名字而令你不自覺，而且在遇上外國人的時候，切記姓氏和名字不要搞亂了，要多檢查清楚。中文名字相對安全嗎？也未必，有些中文字在某些字體並不能顯示，這個時候就要決定全部改字體，還是只改一個字。另外，有些人很注意自己的稱謂，要查問清楚是否需要以 Dr. 或博士為銜頭，至於用英文簡報時也要小心 Ms./ Mrs. 之間的分別。

上班族學習總結

1 團體介紹頁可以協助觀眾了解團隊、會後跟進、建立第一印象

2 小心使用方形或長方形的照片形狀

3 照片的人面比例和顏色要一致，避免突出了某一人

4 人面的方向要朝觀眾或是投影片中央

5 不要犯上姓名次序、人稱等基本錯誤

1-5 工作時間都不夠，為何還是需要幫簡報客製化？

快速分析聽眾需求的技巧

　　辦公室生活中，難得輕鬆的時間大概是與同事一起點手搖飲料外送，大家都有各自的口味，所以先要傳閱店家的外送菜單，坐在身邊的同事會問你想喝甚麼，而不會是他來決定你今天要喝甚麼。然而在職場上，要預備對內或是對外簡報的時候，我們接收了任務，明白了主題，便埋頭苦幹地準備去了。簡報觀眾來的是甚麼人，對我們的準備沒有甚麼影響，就好像是只掛著職銜的無臉人一般。當手搖飲料都有客製化可能的時候，為甚麼我們在規劃簡報途中，不能去理解觀眾的口味和需要呢？

如何幫同事買手搖飲料，竟然是
打造貼心簡報的竅門？

買手搖飲料	預備做簡報
「你要喝甚麼？」	「我要你聽這個」

買珍奶你會先問同事喜好，但接到簡報任務就埋頭苦幹？

購買手搖飲料前的互動，就好像簡報跟觀眾的溝通

要喝「嗚嗚嗚」，原來是「烏龍茶無糖無冰」
要喝「大紅牛」，原來是「大杯的紅茶牛奶」

同事剛剛感冒初癒，但你卻推薦她喝冰沙
氣氛立刻冷掉

- 觀眾的「語言」基於背景和職分各有不同
- 你有沒有了解他們慣常思考和溝通的方式
- 先讓觀眾覺得你明白他們，雙方有共通點
- 就更容易願意聆聽，繼而考慮和採納提議

- 每個人都是獨特的，有自己習慣和喜好
- 所以自然也會有敏感或不太想說的話題
- 特別在跨文化的團隊，要互相尊重差異

購買手搖飲料前的互動，就好像簡報跟觀眾的溝通

同事沒空，你自行幫他決定了點甚麼
結果他只好禮貌地收下

同事推掉好意，知道是老闆請客就加入
背後原因是支出，還是朋輩壓力，
還是怕開罪老闆？

- 觀眾走進簡報會場，自己都會帶有期望
- 不是你想說些甚麼，而是他們想聽甚麼
- 例如：作為設計師，觀眾想你講解室內
  設計心得，你卻埋首說一人公司的打拼
- 期望的落差會影響專注、氣氛及接受度

- 詢問觀眾痛點，容易收到表面的回應
- 了解真正情緒的來源才可以校正方向

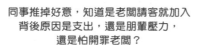

根據不同聽眾需求，如何調整簡報

對觀眾的分析，只是把問題解決了一半而已。接下來更重要的，是如何基於對觀眾的了解，去調節簡報的角度、重心、設計，並在簡報的現場應對各種不同的觀眾。接著下來，我們繼續透過同事對手搖飲料的選擇，分析觀眾的種類及其相應的應對方法。

手搖飲料的選擇，就好像簡報觀眾的種類

忠於自己一路的選擇，
有甚麼新產品或優惠也不動搖

容易先入為主，但同時又能
轉化成忠實的顧客或支持者

要是你並非morning person，
就不要把簡報設定在清早，
以免狀態不佳影響第一印象

每次都一定要試
最新的產品

喜歡嘗鮮的觀眾，你強調
公司及產品的成功歷史或
顯赫客戶對他們沒有吸引力

反而是創新功能及與競爭對手
的差異化更重要；簡報的設計
不要太保守，例子要接近潮流

手搖飲料的選擇，就好像簡報觀眾的種類

個性隨和，
大夥兒喝甚麼就跟隨

要是他們的人數不少，就要營造支持你的氣氛讓這些觀眾跟隨，快速解答任何疑慮，當心要避免討論落入成正反兩大陣營的拉鋸戰，以免這些觀眾隨風選方向，反令你變成不利

能夠告訴你價錢表有漏洞
買奶茶後加珍珠，比珍奶便宜

細節對這些觀眾很重要，與其看一個簡單或抽象的例子，他們情願一起討論實際數字的計算次序，或是軟體的操作示範

除了投影片外，也帶上試算表

手搖飲料的選擇，就好像簡報觀眾的種類

愛唱反調，要喝另一家
但最後又會跟隨其他人

預備好這些觀眾會在簡報途中發難，除了應對他們的問題外，也要耐心給予時間及舞台，讓他們充分地展示「看！我沒有隨波逐流，就是看到不同的地方！」這種能耐

兩間手搖飲料店都各有支持
最後基於老闆喜好決定

遇上富爭議性的提案或是改變，你要先有無法使所有觀眾都一致支持的覺悟

了解誰才是關鍵決定者，再分析他們所屬的觀眾種類，針對他們如何做決定來規劃簡報

手搖飲料的選擇，就好像簡報觀眾的種類

緊張如何付錢，
誰會負責接外送

工作層面的觀眾，多會對專案
或是產品的實施面向感到更多
興趣，例如是如何、何時、時
間線、資源分配、先決條件等

除了what簡報更要集中於how

要先索取完整的清單
才能決定喝甚麼

這種類型的觀眾更看重整體
概念，未開始深入介紹個別
部分或環節以前，簡報要先
完整地提供鳥瞰觀點

多利用資訊圖來協助他們明白，
並放心聆聽之後的部分

上班族學習總結

1 簡報是要去了解和迎合觀眾的需要，而不是你自說自話

2 手搖飲品也可以客製化，你的簡報又怎麼可以一成不變

3 用心分析觀眾的背景、文化、牽動情緒的擔憂

4 分析只是工作的一半，學會如何調節簡報的設計及角度

1-6 團隊合作簡報，投影片
如何分工、合併？

遇上要製作團體簡報，大家的目光都很容易盯死著怎麼分工。沒錯，自私自保是很自然的反應，有些人會希望分配到最容易預備的部分，有些人希望能搶下最受注目的部分，有些人希望負責可以重用舊簡報的部分，甚至有時會遇上強勢的同伴丟下了一句「這部分我來做，到時見！」便離開了討論。

團隊合作做簡報的時候，
投影片如何分工，如何合併？

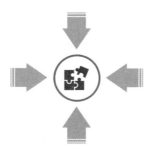

說穿了，大家滿腦子都是想搶下自己想要的那塊

先確定簡報時間，你會更好分工

簡報的總時長通常是預先固定的，所以當我們在計劃簡報時，各部分的時長可以幫助後來的內容準備。

簡報框架：**訂好內容的時間分佈**

簡報總時長			
甲部分	乙部分	丙部分	丁部分

預備內容時：
- ✔ 時長能作為各部份內容份量的框架
- ✘ 臨簡報前才發現內容過少或是初淺
- ✘ 預備了過多的內容，為刪除而爭吵

簡報進行時：
- ✔ 協助團隊互相提點是否快用光時間
- ✔ 協助去減輕無法做簡報預演的問題

分工前先協議好各部份的時長，對預備及進行簡報都有幫助

加入一個設計師角色分工

不是每個人也喜歡製作投影片，或是對自己的製作有信心，團隊之間的分工合作，可以考慮加入一個「設計師」的角色。「設計師」可能是美感比較好的成員，或是自己比較喜歡或專長於製作簡報，在前期不用負責內容的工作，而是等到內容預備好以後，就跟著內容製作出整套的投影片。

這一種方法的好處是各取所需，提高各自的效率，也可以確保簡報設計上的一致性。

041

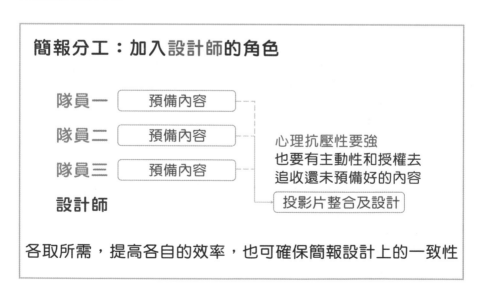

簡報分工：加入設計師的角色

隊員一　預備內容　　　不作任何設計上的考量
　　　　　　　　　　　字型、顏色、圖示、排版等都跳過
隊員二　預備內容　　　甚至乎圖表也都是只放上原始數據

隊員三　預備內容　　　要有自律性
　　　　　　　　　　　在時限內真的要完成自己的部分
設計師

不考慮設計，壓縮隊員預備的時間，專心發揮於內容上

　　然而在另一方面，危機就來自預備內容的成員要有自律性，在時限內真的要完成自己的部分，否則設計師只會剩下不足的時間來準備投影片。而且設計師的心理抗壓性要強，也要有主動和授權去追收還未預備好的內容。

簡報分工：加入設計師的角色

隊員一　預備內容
隊員二　預備內容　　　心理抗壓性要強
　　　　　　　　　　　也要有主動性和授權去
隊員三　預備內容　　　追收還未預備好的內容
設計師　　　　　　　　投影片整合及設計

各取所需，提高各自的效率，也可確保簡報設計上的一致性

沒有設計師，就先確定一個簡報基本模板

另一種較傳統的做法，就是不採取「設計師」的角色，每個成員都要負責自己的內容以及投影片，到了作簡報之前才作整合。然後這時候有些人會覺得某部分要作修改，但該部分的提供者卻因種種原因而拒絕，團隊就要處理這些衝突。要採取這一種分工的做法，最好就是事前訂好一個設計基線，例如是公司最新的簡報模板，以求減少一點合拼時的差異。

簡報分工：傳統分配方法

隊員一	預備及設計內容	
隊員二	預備及設計內容	整合
隊員三	預備及設計內容	
隊員四	預備及設計內容	

每人也都有自己的風格
設計上自然會參差不齊
整合及修改時易有紛爭

先確定共用一個設計基線或模板，可以減少一點設計差異

合併時要作兩個檢查

無論你是採取「設計師」的方案，還是較傳統的做法，完成了投影片的設計與合併以後，團隊最好仍然花一點時間快速從頭到尾檢查一

下，除了連貫性是否足夠以外，內容上也有兩點需要留意：

- **論點或是例子有沒有重覆**
- **有沒有互相衝突的觀點**

在一開始討論簡報框架的時候，不可能細緻到論點或是例子的層次，所以在分工合作、各自預備的時候，重覆也是有其可能的。重覆或是相反的內容，各自預備的時候不易發現，但是從頭到尾都在台下聆聽的觀眾，就會容易發現到這些錯誤。

每次要作團隊合作的簡報，或許會出現爭吵、領功、推卸、拖延等情況，也會是一個建立團隊精神，以及了解對方和自己的機會，更加可以讓其他人看見你的努力和實力。過程不一定會順利，成果不一定會完美，但是在企業世界裡，還是把握機會從每一次團隊簡報中學習吧！

上班族學習總結

1 每個人都注目在如何分工上，分工前最好先協意好簡報的框架

2 簡報框架除了目標和內容外，各部分的時長及轉接都不要忽略

3 視團隊的專長，可在分工時加入設計師的角色來專責簡報設計

4 簡報合拼時要注意檢查有沒有重覆或是相反的內容

1-7 主管和我對簡報設計持相反意見，可以如何處理？

以退為進的版面應對設計

公益機構有時候會舉辦慈善便服日，受到很多上班族的歡迎，畢竟不是每一間公司都是逢週五可以便服上班。平日每天在辦公室碰面的同事，難得看得到彼此的便服造型，彷彿對大家有了新一層的認識。每個人對時裝都有自己的看法和風格，對待簡報設計也是一樣。沒有絕對的對錯，但總有大家的想法不太接近的地方。當分歧出現的時候，應該據理力爭，還是求同存異？

當跟客戶的模板風格分歧

處理客戶的專案，我們會舉行工作坊、進度會議、管理層會議等，當中投影片多數會採用客戶的模板，尊重客戶之餘也會方便客戶作內部傳閱之用。要是客戶的模板或是設計風格，跟你自己的不同，例如仍然採用 4:3 的比例，字體以襯線體／有腳體（Serif）為主，要保障與客戶之間的關係，建議大原則不要亂碰。

簡報時或許投影片看上去你會覺得不太順眼，也唯有祈求快一點完成工作。要是你想偷一點發揮空間來喘一口氣，可以從版面著手。在封面、目錄頁等公式內容後，頁面排版都選空白的內容，把視覺原素滲進留白處理，讓投影片無論從客戶或是你自己的眼中都看得舒服點。

另一方面，簡報模板多數只規限同一張投影片內的設計，所以把太擠迫的內容分開兩頁以上來作介紹，技術上沒有違反模板設定。這樣看，內容安排和排版你還是能掌握一點自由度。

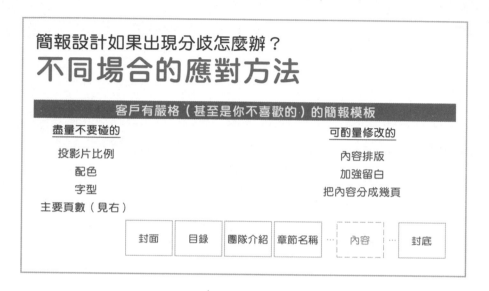

跟上司的風格分歧

未必是因為世代或是文化背景的關係，只是在簡報設計上，較強調視覺化、溝通效率的風格，或是較傳統的以文字為主、資訊密度較高的風格，都有各自的擁護者。不幸地，有時候這種風格上的分歧會出現在主管和下屬之間。

初進職場的時候，我也曾試過將目錄頁的文字放大了一點，但轉頭被專案經理偷偷地縮小了。因為怕尷尬，沒有去理解原因，究竟是他對傳統風格的堅持，還是他替我避過了客戶的投訴，到現在我也不知道，當時還惱了一陣子。後來終於明白，遇上跟自己風格有異的主管，溝通

是重要的。不是哪一方必然要勝利，而是嘗試明白對方的出發點。我的眼睛對光線比較敏感，所以有一次把全白的投影片背景色，調整成淡淡的淺灰，結果當上司問起，我便如實解釋了。雖然最後也是調回白色，但上司也明白我的原委。

跟同事／同學的風格分歧

在一些比較非正式的簡報場合，例如隊伍的內部會議、腦力激盪、或是學校的中期報告，對設計的統一性要求未必那麼高，同輩之間出現的風格分歧，就不一定需要是個零和遊戲。

章節之間，如果多人合作後在配色、設計有一點區分，只要不是南轅北轍，也可以在不失整體觀的情況下，帶給觀眾一點新鮮感及區別感。為了達到首尾呼應的效果，建議最開始和最後面的部分能夠採取一致的設計，加強簡報的完整性。

上班族學習總結

1 與客戶的風格有分歧，要抱有忍耐，並在排版及分頁中找自己發揮的空間

2 與上司的風格有分歧，溝通是重要的，說明自己的原委，不一定是要定誰勝利，重要的是瞭解雙方的出發點

3 與同事或同學的風格不一致，可以求同存異，但最好風格上可以做到首尾呼應

1-8 公司規定會議前要先傳閱投影片，那是否抹殺了簡報中的驚喜？

內部簡報講義的準備策略

簡報的過程中一個能夠持續吸引觀眾注意力的元素，就是未知與驚喜，這就是為什麼產品發表會往往能辦得引人入勝。然而當我們回到了辦公室，不少公司會規定在內部會議之前要先把投影片傳閱。那麼會否就等於自揭底牌一般，讓簡報失去了驚喜的元素，甚至讓觀眾只是低頭集中在看講義？這次我們就來探討一下，內部簡報的策略以及講義準備的技巧。

會前講義對講者、聽眾的好處

首先要想想的是，為什麼公司要規定在會議前傳閱投影片？最官方的說法，固然是希望有足夠時間讓與會者可以先行閱讀，為會議作出預備。但是上班族在辦公室打滾了一段時間以後便會發現，因為種種原因，真正在會議前會閱讀投影片的，大概只佔觀眾的三分一到一半的比例，更多人人只是在會議中忽忽忙忙把紙本翻來翻去。那麼，預先傳閱有什麼好處？

這種規定其實反而能協助講者，因為明確的繳交講義死線可以確保投影片在某個時間點準備好。試想如果你的工作繁多，或是帶一點拖延

症，難保不會出現會議前一天才開始製作投影片的情況，時間的壓力可能讓你的製成品出現失衡或是錯誤。把死線移前了，哪怕真的遇上工作緊急的狀況，至少在主管容許的情況下，你能夠爭取到一點緩衝空間去完成投影片的準備。

另外，投影片的預先傳閱對於不會事前閱讀的觀眾仍然是有所幫助的。在進會議室時帶上印好的投影片，觀眾可以即時在相對的頁數上做筆記，比起單單寫在自己的筆記本內，筆記與投影片的組合更能加深短期記憶。

無論是面對面的簡報，或是遠距的模式，觀眾都有可能出現遲到、早退或是離開會議一段短時間，接個電話，去個洗手間，回來的時候，你不可能為每一個人的出入而把投影片往回放，這時候在桌上的投影片文件，就能幫助他們自行趕上錯過的進度，以免因此而接不上你在台上說的內容。

公司規定會議前要先傳閱投影片，
聽眾不一定先看，好處在哪？

 VS

在講義上作筆記 **沒有講義，只能在記事簿或電腦上作筆記**

✓ 加強連繫及短期記憶

✓ 遲到或短暫離開會議，
可以自行追回進度

投影片的預先傳閱對不會事前閱讀的觀眾，仍然是有幫助的

企業內部會議真的需要驚喜元素嗎？

縱使這種規定對講者和觀眾都各有好處，然而我們又該怎樣面對失去了的驚喜元素呢？要談談一個誤解，在企業的內部會議中，其實驚喜是不太受歡迎的。

內部會議的簡報，一來跟面對客戶的銷售不同，不需要較戲劇性或是誇張性的方式去爭取觀眾的注意力或是加強印象，二來在企業文化內，可控度是十分重要的。

舉例說你被委派調查公司某一個過失，你花了時間，預備好時間線、證據、電郵或是紀錄的截圖，在簡報時當眾指出兇手，該部門或同事面對鐵證如山下不得不求饒……你看過太多電視劇了吧？哪怕是真的一個致命過失，你的主管也可能會先行跟相關部門的老闆打一個招呼，然後讓你把投影片的字眼修改得婉轉一點，在簡報現場那個部門忽忽地承認了責任和承諾去改善，然後相對平和地落幕。畢竟犯錯無可避免，誰也不能保證你不是下一位，自然不需要凡事都推得太盡。所以在預備簡報時候，別給上司帶來特別的「驚喜」，有疑問就先行講教，或是讓上司先看看你的製作。

另一種需要預先看的情境，我們稱之為「pre-sell」，這是遇上全新的提案，或是有機會帶來爭議的內容，先逐個找來將會出席的部門談一下，簡介一下提案或是專案的背景和內容，了解一下對方的態度和立場，在可行的情況下說服對方的支持。你不會想懷著忐忑的心情，踏進簡報的場地，而你對誰將會支持你，誰會反對你，心裡面完全沒有一個底。要是每個觀眾也是驚喜地第一次看到你的提案，可能會帶來激烈的討論，但更有可能整場簡報都只是爭辯，場面固然精彩萬分，只是到最

後沒有任何共識，你的提案絲毫沒有寸進。

如果各主要的部門都已經透過「pre-sell」摸底和遊說，很多時候簡報最終會變成走流程的儀式而已。是一項失敗嗎？當然不是，公司把簡報交在你手上，是為了帶來沒完沒了的爭吵，還是讓專案能夠順利推行？

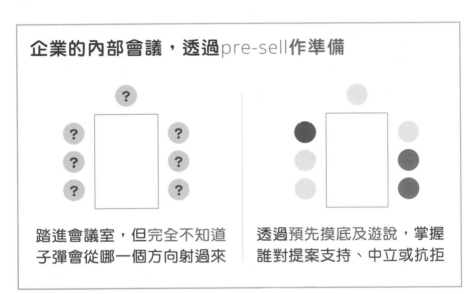

企業的內部會議，透過pre-sell作準備

踏進會議室，但完全不知道子彈會從哪一個方向射過來

透過預先摸底及遊說，掌握誰對提案支持、中立或抗拒

平衡簡約與完整，搭配講者備忘錄
製作簡報講義

有些企業內部文化不太歡迎驚喜，反而擁抱可控。這對不少上班族或是新鮮人，都會帶來期望落差。

說起期望落差，好消息是，我們有方法解決另一個理想與現實之間的衝突。

相信大家都明白，設計投影片的時候，不要把所有內容都硬塞進去，因為觀眾只會死盯著螢幕而沒有聽你在說什麼。會議前傳閱的投影片，大概還可以採取這種簡化版的做法。

但是簡報完成後的跟進呢？公司在很多時候也會要求會議後傳閱最新的投影片，作為一種會議紀錄的模式，或是留給未能出席的同事來看。問題就來了，上班族通常都沒有時間再重看或是重聽會議的錄音或錄影，單靠簡化版的投影片未必能夠真正地明白所有的內容。我們不可能花時間在會議過後製作一套詳細版本的投影片，同時我們亦不想會議前或是途中的投影片太複雜，如何拿捏當中的平衡？

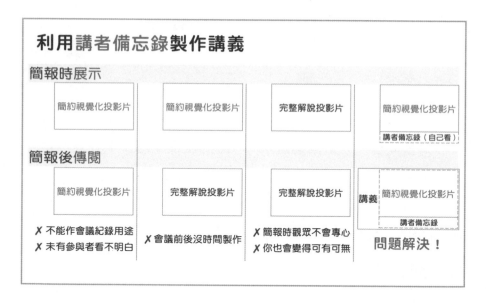

嘗試一下利用簡報軟體的備忘錄功能吧！在設計投影片的時候，維持視覺化及簡化的原則，把其他要說的話或是抽起來的文字都放在備忘錄裡頭。會議前傳閱的簡報就只匯出投影片，會議簡報途中，備忘錄可

以幫助你萬一突然忘詞時候，提醒你要説什麼。而更重要的是，會議結束後，你可以把包含講者備忘錄的完整簡報檔案提供給對方，你也不需要另外再製作一次。

上班族實戰技巧

利用講者備忘錄製作講義

1. 透過Notes Master功能為備忘錄排版
2. 調整位置、大小，加入圖片及公司標誌等
3. 利用列印功能，把備忘錄印製成文件或是PDF檔案

或

1. 透過Handout Master功能為講義排版及調整位置
2. 利用匯出功能，選擇「建立講義」（Powerpoint for Mac 未支援這個功能），把講義匯出到Word
3. 匯出後再行修訂的自由度更高，壞處是過程很佔記憶體

上班族學習總結

1 提前預備好投影片，對觀眾和講者都有幫助

2 企業內部其實不太歡迎驚喜，反而擁抱可控

3 利用pre-sell做事前摸底及推銷，了解整體支持度

4 視覺化投影片與詳盡內容可以透過講者備忘錄而同時存在

1-9 我是來自技術或工程背景，真的需要做好簡報嗎？

幫你把技術也能說清楚的技巧

　　並非來自商科背景的上班族，又是否可以且需要做好商業簡報呢？如何你肯去學習和汲收別人的技巧，答案是可以的、需要的。為什麼我這樣的肯定？因為我是來自資訊工程及金融工程背景，初入職場的時候，是當某美資銀行的工程師，我自己就是活生生的例子，技術或是工程背景的上班族，是能夠做得到好簡報的。不要讓你的背景和教育去否定自己，更不要以為溝通的技巧是某些人的專利。

技術人員都總會有上場的時候

　　職場上不一定每每是由銷售或是前線人員來做簡報，技術有關的員工，在不同的場合，例如團隊內的腦力激盪、在學術會議與同儕交流工作成果、向管理層或是投資者解說產品原型或是預測模型、向同事介紹和示範系統的新功能、向老闆或是大眾解釋區塊鏈技術的原理等，都有機會向內部或外部的觀眾去做簡報。

　　而在一些大型專案投標上，銷售人員負責開山劈石以外，後續一定會有技術有關的專題討論和評估，這些員工的簡報和溝通技巧，隨時也會影響競爭的結果。

你的簡報技巧也能影響投標案

美國八十年代「先進戰術戰機(Advanced Tactical Fighter)」競爭專案

勝出　　　YF-22　✈ VS ✈　YF-23　　　**落敗**

YF-22團隊預備各種試飛照片，例如是高難度飛行動作、在空中發射導彈等，能留下的印象遠比只用圖表更好

在他眼中YF-23團隊工程師的質素其實是無可比擬的，也預備好詳細的圖表來說明自己的能力

YF-23及後來加入F-22的試飛員Paul Metz後來的憶述：

可是在這一場競爭中存在著另一方面，負責選取優勝方案的官員未必是工程師，甚至並非技術背景；「長留的印象（lasting impression）」更可以爭取到分數

　　美國空軍現役的空優戰機 F-22，是來自八十年代的「先進戰術戰機」競爭專案，當時是要在 YF-22 及 YF-23 兩種構型當中選出優勝者。因為保密的緣故，公眾未能知道所有 YF-22 構型獲勝、YF-23 落敗的原因，當中的爭議和傳聞至今仍然不絕，也恕不在這裡詳述。然而在 2015 年，在紀念試飛二十五週年的演說中，當年 YF-23 其中一名試飛員 Paul Metz（後來也加入了勝出團隊協助試飛 F-22，成為唯一一個飛過兩種構型的機師）分析了兩個團隊在預備推銷給決策者的差別。這固然不是唯一落敗的原因，但也引證了單憑專業知識和努力準備，技術或工程有關的人員仍然需要有好的簡報技巧。順帶一提的是，Paul Metz 的演說片段在網上可以重溫，沒有花俏技巧，簡報基本功相當扎實，闡述專業話題時很有條理，技術背景的上班族可以作為參考。

簡報前先要拿捏好說話的語氣

談到技術簡報，很多人都提出要在簡報內容和設計上修正。不過在開始簡報之前，開口說話的時候，更有幾點需要留意，以免影響了觀眾的印象及接下來簡報的定調。

技術有關背景的上班族，有時候面對電腦螢幕的時間比面對真人更多，要在眾人面前甚至站在台上發言的機會不多。有些人會因此戴上了誇張的假面具上場，嘗試模仿銷售人員，甚至是品牌發佈會的台詞和口吻，這種竭力的模仿來得並不自然。

另一些人則會帶上自大或自卑兩種極端的情緒，例如在言語中覺得自己或是自己正在介紹的技術很厲害，或是遇上有觀眾不明白時，就立刻顯得不耐煩，或是在簡報時出現目光閃躲、語速加快、聲調漸細等自卑或缺乏信心的表徵。

簡報前先要拿捏好說話的語氣

自卑 ←————————————————————————→ 自大

| 目光閃躲 語速加快 聲調漸細 | 模仿銷售人員 或品牌發佈會 的台詞和口吻 | 遇上觀眾不明 白時，就立刻 顯得不耐煩 | 言語中覺得自己或 是自己正在介紹的 技術很厲害 |

是否厲害，不是透過你的自我推銷，而是觀眾透過簡報的過程，
消化明白了，從心而來的印象

技術簡報的目標，就是要觀眾明白要介紹的內容

或許你會在想，模仿不好，自卑不好，自大也不好，我們就是比較少與人溝通，怎麼做才是適合的語氣？試回想一下你上一次生病的時候，去看家庭醫生的情況。

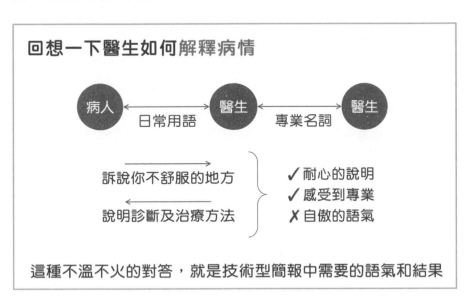

不同的語言只會造成雞同鴨講

溝通是需要使用雙方都明白的語言，我們到外地旅行或是出差，如果不懂當地語言，單靠指手劃腳也未必能令對方明白。醫生與同儕可以用專業的名詞對話，因為他們有相近的背景、訓練和經驗，跟與病人溝通相比，要是不選用病人或是家屬能夠明白的「語言」，溝通便自然出現困難，誤解或是延誤也會為病人帶來了風險。

借一種流行的說法，「知識的詛咒（the curse of knowledge）」，就是指在溝通、工作或是簡報的時候，誤以為對方是跟自己擁有接近的

知識。這種誤會造就了選取錯誤的語言，也會像上文所説一樣容易因為觀眾的不明白而感到不耐煩（心裡在想：為什麼這麼簡單你也不明白？）；而因為誤會太常見的關係，我們慢慢都會覺得，愈專業的人，愈難解釋自己的工作是什麼，「我的工作嘛，就是那種……呃，你不會明白的了」。不單只能夠終結話題，這種誤會也能夠令簡報沈悶無味而沒有得著。

很多人也説，解決知識的詛咒方法很簡單，就是先了解你的觀眾，可是對於技術或是工程相關背景的上班族來説，其實是知易行難。如何把簡報內容變成「易入口」反而是瓶頸所在。

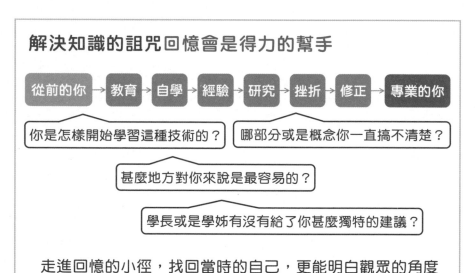

解決知識的詛咒回憶會是得力的幫手

從前的你 → 教育 → 自學 → 經驗 → 研究 → 挫折 → 修正 → 專業的你

你是怎樣開始學習這種技術的？ 　 哪部分或是概念你一直搞不清楚？

甚麼地方對你來説是最容易的？

學長或是學姊有沒有給了你甚麼獨特的建議？

走進回憶的小徑，找回當時的自己，更能明白觀眾的角度

這個時候，回憶會是得力的幫手。無論你的專業是甚麼，你對這個題材的了解，都不可能是一朝一夕的。由基本的教育或是自學，到透過經驗、研究、自修、挫折、修正，才慢慢成就了今天的你。既然當年的你也不能一下子明白，簡報的觀眾很大的機會也是如此。透過回憶的方

式，你可以找來「五年前的你」、「剛進入這專科的你」、「第一次進工地的你」等等回憶的時間點，去幫助你為觀眾不同的背景來把簡報調節得更易入口和明白。

當觀眾之間也有不同語言怎麼辦

那麼要是同一場合內，觀眾對你的專業有不同程度的認知怎麼辦？你可以先向觀眾說明，因為大家的背景不一，所以接下來的幾分鐘或是兩頁投映影片，你會先介紹一些基本的術語或是情景。沒有特別背景或是認知的觀眾，自然會受惠於你的補底介紹，也會對你的印象加分；擁有專業知識的觀眾，亦因為你預先說明，而不會在看見投影片突然在介紹基本知識而感到疑惑甚至誤會（心裡在想：以為是甚麼專家原來也是談這些而已）。

為觀眾補底讓大家也聽得舒服

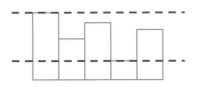

照顧最熟悉或是不熟悉的觀眾群

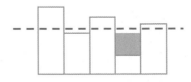

先花一點時間作補底介紹
令簡報內容能接近所有人的程度

觀眾對內容的熟悉程度不一，容易引致聽不明白或苦悶

做到了如何把簡報説得明白，也要做到如何説到觀眾想聽的角度。你的簡報可能是要用來爭取研發資金或是團隊職缺，把技術背景都説明清楚了，但也不要把一眾「最先進」、「最新」的詞語都琅琅上口，在批核的決策過程中，更重要的要了解，技術成熟了沒有、有沒有申請專利、何時可以投產、與國內主要競爭對手相比是領先還是落後、與外國相比是否仍然是最先進、可以節省多少成本、有甚麼風險因素……等等範疇。技術和理論，還是要有接地的時候。

技術或工程背景的上班族，因為背景或是工作模式，做簡報的時候可能會遇到一些困難。但是只要把這些困難，都當作一個一個技術難關去攻克，我們透過上文也一起看到，透過針對性的改進，要做好簡報並不是某部分人的專利。

上班族學習總結

1. 技術背景的上班族也有作簡報的機會
2. 你的貢獻甚至有機會影響投標案的成敗
3. 注意語氣不要自卑或自大，可以靠考醫生問症的語氣
4. 透過寫下學習歷程或是回憶片段，了解不同程度觀眾的想法
5. 遇上觀眾對簡報主題的了解不一，先花時間為觀眾補底説明

PART 2

整理簡報數據
化繁為簡

你最需要的技巧與不可踩的地雷

2-1 利用表格整理大量資訊時，怎樣才可以做到清晰簡潔？

9 個簡報表格設計技巧

在簡報中需要帶有結構性的處理和顯示數據資訊，表格自然會是不二的選擇。無論是預先在試算表軟體準備好，或是直接在簡報軟體裡動工，表格的處理看來都是簡單的任務。然而，表格這種簡單的表達方法，要做到清晰簡潔、帶動觀眾的視線，其實不那麼簡單。

刪掉與核心推論無關的欄位，不要覺得可惜

很多網上教材都會介紹如何美化投影片上的表格設計，然而在談包裝之前，我們先退一步看一看內容吧！

與其他文字內容一樣，表格的內容不一定全數要出現在投影片以內。當我們把一些與核心訊息或是推論沒有關係的欄位也放進表格之內，整體的文字大小可能會因此被壓縮而影響易讀性。

或是你也會疑惑，這些資訊雖然未必有關，但是也花了時間力氣去搜集整理，把它們排斥在外豈不是浪費了你的準備？其實，這個額外欄位可以保留在講義或是簡報後的附加檔案中，大前提仍然是把訊息帶到觀眾的心裡，未能對此有幫助的資訊，一概從表格移除。

利用表格整理大量資訊時，
怎樣才可以做到清晰簡潔？

如果簡報目的是比較銷量，只選擇相關的欄目來減少雜訊：

手機型號	長闊高	螢幕比例	電池容量	2020年銷量	2021年銷量

手機型號	2020年銷量	2021年銷量

講義

注意觀眾閱讀表格欄位的順序

除了去掉不必要的資訊，錯誤的欄位次序亦會對觀眾在閱讀表格時的視線造成干擾，需要在這個時候先行疏理。

留意欄位之間的邏輯次序

觀眾閱讀的方向 ⟶

修正次序前

手機型號	2021年銷量	2020年銷量	銷量變化
A	350,000	280,000	+25%
B	290,000	260,000	+12%
C	230,000	270,000	-15%

型號A，先讀到高的數字，再到低的數字，但是最後銷量是上升的
觀眾要多花一步去理解這三個數字的關係

修正次序後

手機型號	2020年銷量	2021年銷量	銷量變化
A	280,000	350,000	+25%
B	260,000	290,000	+12%
C	270,000	230,000	-15%

從表格而來的資料，
一定要用表格呈現嗎？

　　完成了表格內容的相關性及視線流向測試以後，我們可以細看一下篩選過後留下來的資訊，用二維表格的方式去呈現，是否最容易讓觀眾明白而留有印象？其中一個我們幾乎從來不會問自己的問題就是，訊息的來源是表格，代表在投影片的呈現一定是表格嗎？我們來看看以下的例子。

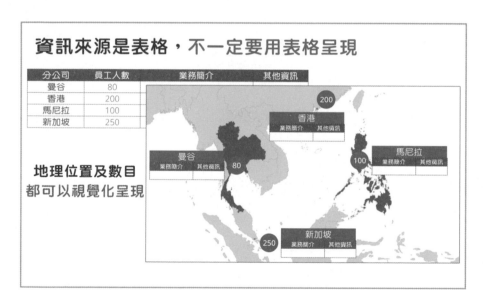

如果沒時間美化，起碼去掉表格外框線

　　到了確定沒有其他更好的視覺化選擇，我們就正式開始談表格的設計。從最容易的開始，如果你只有十秒鐘來把表格變得更會清晰，那就把表格的四邊框線撤去吧！表格的外圍框線，在教科書或是研究報告中，可以利用圍繞性原則表示內容是一體的，並且從其他的文字中區別出來。

　　然而在投影片上，可以顯示的內容本身已經是有限，有沒有需要再在表格外圍畫一層框線呢？把它撤去了，表格與其他內容看上去更能有整體性。同時，我們運用留白的特性，將表格與其他內容的距離拉開一點，就可以簡約地在整體性和區分性中作出平衡：

撤去表格的外框線

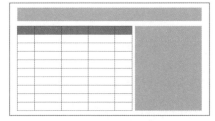

外框線用來定義表格

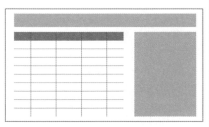

撤去外框線與加強留白

簡單的修正就可以提升投影片的整體感

隱藏某些縱向線條，強化表格視覺引導

接下來我們先看縱向的線條，你可能會想，失去了左右兩條外框線，表格會否失去了應有之型而在視覺上左搖右擺？不用擔心，調整第一欄做「向左對齊」便可以了。

那麼其他在表格內部的縱向線條呢？要是你已經把不必要的欄位移去，我會建議利用欄位之間的距離去取代縱向的線條，利用設計中的接近性原則去為欄與欄之間作出區分。

那這樣做和乾脆將所有縱向線條撤去有甚麼分別？我們是要把它們由表格結構之用，轉為視線引導之用。

內部的縱向線條由結構轉為視覺引導用途

地點	負責人	分店	員工	銷售額（當地）	銷售額（美元）
曼谷	Edward Tan	2	18	4870842.13	146172.7
香港	James Leung	8	98	5841807.61	749213.84
新加坡	Bonnie Liew	12	125	1406075.59	1038790.45
台北	Leon Chen	3	27	6514796.5	235693.23

利用距離代替線條作為欄位的分隔，以增加空間感
橫向比較的表格，用縱向線條導引視線到最後的比較欄

地點	負責人	分店	員工	銷售額（當地）	銷售額（美元）
曼谷	Edward Tan	2	18	4870842.13	146172.7
香港	James Leung	8	98	5841807.61	749213.84
新加坡	Bonnie Liew	12	125	1406075.59	1038790.45
台北	Leon Chen	3	27	6514796.5	235693.23

內部的縱向線條由結構轉為視覺引導用途

	型號1	型號2	型號3	型號4
螢幕	6.1″	6.4″	6.5″	6.2″
前置鏡頭	12M	12M	8M	11M
後置鏡頭	50M + 12M	50M + 13M	12M + 12M	50M + 10M
儲存容量	128GB	128GB	128GB	128GB

利用距離代替線條作為欄位的分隔，以增加空間感
縱向比較的表格，用縱向線條導引視線到最初的項目欄

	型號1	型號2	型號3	型號4
螢幕	6.1″	6.4″	6.5″	6.2″
前置鏡頭	12M	12M	8M	11M
後置鏡頭	50M + 12M	50M + 13M	12M + 12M	50M + 10M
儲存容量	128GB	128GB	128GB	128GB

橫向比較和縱向比較的對齊技巧

　　把線條撤去後，就自然是要調整欄位的對齊，兩種主要的表格類型，則各有不同對齊的做法。

橫向比較表格的對齊方法

地點	負責人	分店	員工	銷售額（當地）	銷售額（美元）
曼谷	Edward Tan	2	18	4870842.13	146172.7
香港	James Leung	8	98	5841807.61	749213.84
新加坡	Bonnie Liew	12	125	1406075.59	1038790.45
台北	Leon Chen	3	27	6514796.5	235693.23

文字靠左，數字靠右
適度調整儲存格的邊距，保持空間感

地點	負責人	分店	員工	銷售額（當地）	銷售額（美元）
曼谷	Edward Tan	2	18	4870842.13	146172.7
香港	James Leung	8	98	5841807.61	749213.84
新加坡	Bonnie Liew	12	125	1406075.59	1038790.45
台北	Leon Chen	3	27	6514796.5	235693.23

縱向比較表格的對齊方法

	型號1	型號2	型號3	型號4
螢幕	6.1"	6.4"	6.5"	6.2"
前置鏡頭	12M	12M	8M	11M
後置鏡頭	50M + 12M	50M + 13M	12M + 12M	50M + 10M
儲存容量	128GB	128GB	128GB	128GB

除了項目欄外，其他欄目置中

視覺上加強各型號的距離，也同時令每個型號更突出

	型號1	型號2	型號3	型號4
螢幕	6.1"	6.4"	6.5"	6.2"
前置鏡頭	12M	12M	8M	11M
後置鏡頭	50M + 12M	50M + 13M	12M + 12M	50M + 10M
儲存容量	128GB	128GB	128GB	128GB

注意表格數字的字型也會影響對齊

數字的對齊不單是按一下「向右對齊」這麼簡單。網絡世界有萬千免費或付費的字型可以選擇，只是在處理表格內的數字時，為了讓觀眾有清晰易明的比較，我們都會採用等高（Lining）與等寬（Tabular/fixed width）的字型，避免因數字的不同組合而做成視覺上的誤讀，否則向右對齊了最後也是會參差不齊。

數字的對齊不單是按一下「向右對齊」這麼簡單

	非等高（Old Style）	等高（Lining）
提高易讀性	2008123.45	**2008123.45**

	非等寬（Proportional）	等寬（Tabular/Fixed-width）
讓數字對齊	2008123.45	2008123.45

表格內的數字需要使用等高及等寬的字型和設定

上班族實戰技巧

如何檢查字型的等高及等寬設定（PowerPoint）

1 選擇功能More Spacing...

2 檢查有否選擇kerning設定

上班族實戰技巧

如何檢查字型的等高及等寬設定（Keynote）

1 利用command+T選擇Fonts功能...

2 選擇Typography...設定

3 視乎字型支援，更改其設定

數字的格式化將會影響易讀性

　　處理字型以外，數字的格式化也會影響易讀性。千字位分隔可以協助觀眾快速了解數值的大小，可惜簡報軟體以展示內容來設計，並沒有特別的功能來設定千分位分隔，你可以手動或是先在試算表軟體來處理。小數點也是會被忽略的地方，要是同一欄目中有數字但帶有小數位，整欄的小數點數目就應該統一，但是有一個例外。

　　商業簡報中會處理到不同貨幣的資訊，要注意的是在主要貨幣中，日圓（JPY）、韓圓（KRW）及越南盾（VND）的幣值是沒有小數點的，所以在處理不同貨幣金額的時候，就記住不要為了統一而硬塞小數點後的「00」給日圓、韓圓或越南盾的金額了。若是小數點後的數字沒有統一，那麼「向右對齊」又豈不是廢了武功了嗎？我們來看看如何在簡報軟體中做到以小數點作為對齊線。

千分位分隔及小數位對齊也是重要的調整

地點	負責人	分店	員工	銷售額（當地）	銷售額（美元）
曼谷	Edward Tan	2	18	4870842.13	146172.7
香港	James Leung	8	98	5841807.61	749213.84
新加坡	Bonnie Liew	12	125	1406075.59	1038790.45
台北	Leon Chen	3	27	6514796.5	235693.23

手動增加，或是用試算表軟體先作調整

地點	負責人	分店	員工	銷售額（當地）	銷售額（美元）
曼谷	Edward Tan	2	18	4,870,842.13	146,172.70
香港	James Leung	8	98	5,841,807.61	749,213.84
新加坡	Bonnie Liew	12	125	1,406,075.59	1,038,790.45
台北	Leon Chen	3	27	6,514,796.50	235,693.23

有些貨幣是沒有小數位的

地點	負責人	分店	員工	銷售額（當地）	銷售額（美元）
曼谷	Edward Tan	2	18	4,870,842.13	146,172.70
香港	James Leung	8	98	5,841,807.61	749,213.84
首爾	Emily Kim	3	25	260,303,704	217,815.52
新加坡	Bonnie Liew	12	125	1,406,075.59	1,038,790.45
台北	Leon Chen	3	27	6,514,796.50	235,693.23
東京	Ivy Soh	9	103	96,304,173	835,020.51

日圓及韓圓沒有小數位
不要加零在小數點以後
要設定為「小數點對齊」

上班族實戰技巧

以小數位作為對齊（PowerPoint）

1. 確定軟體在展示 ruler
2. 在編輯環境左上角，連續按直至出現 ⊥ 或 ↕ (Mac)
3. 把數字內容先往左對齊，在第一行的內容按下滑鼠
4. 在想小數點對齊的位置按下 ruler，以上標誌便會出現
5. 選擇其他儲存格，以 Ctrl+Y 重覆設定以確保一致
6. 在儲存格最左邊按下 Ctrl+Tab（Shift+Option+Tab for Mac）便可以使數字以小數位作對齊

如何讓上下列位的分隔與重點更清晰

高度不足的情況下，要是列位之間的距離不足，很易會引致觀眾錯讀了上一列或是下一列的情況。

常見的解決方法會有橫向的線條或是交替填色（banded rows/zebra stripes），兩者有接近的用途，與縱向線條一樣，你可以考慮把橫向線條預留作表格之間的區隔（section）分野或是視線導引之用，當然要是你較喜歡採用橫線，作其他功能時把橫線加粗就可以。交替填色在協助觀眾的橫向視線之外，也可以協助快速數算列位的數目（例如：「我們看第五行的數據」）。

只是使用上有兩點需要留意。顏色最好以灰階為上，以減少搶眼球的程度，我們一直把顏色留起不用，留待來做最後的設計和數據突顯。

另外如果表格只有三五行的列位，交替填色有機會令觀眾誤會你是在強調有著色的幾個列，這種情況下倒不如拉遠列位之間的距離更好。

橫向的視線引導方法

列數少時使用垂直間距　使用橫向線條　低調交替填色

列數少時使用交替填色　混合線條填色　鮮艷交替填色

利用加粗的橫向線條把視線引導至總和列

地點	負責人	分店	員工	銷售額（當地）	銷售額（美元）
曼谷	Edward Tan	2	18	4,870,842.13	146,172.70
香港	James Leung	8	98	5,841,807.61	749,213.84
首爾	Emily Kim	3	25	260,303,704	217,815.52
新加坡	Bonnie Liew	12	125	1,406,075.59	1,038,790.45
台北	Leon Chen	3	27	6,514,796.50	235,693.23
東京	Ivy Soh	9	103	96,304,173	835,020.51
總和					3,222,706.25

標題行開始填上配合公司、客戶或主題的顏色

在深色背景也可以造出簡約又典雅的效果

地點	負責人	分店	員工	銷售額（當地）	銷售額（美元）
曼谷	Edward Tan	2	18	4,870,842.13	146,172.70
香港	James Leung	8	98	5,841,807.61	749,213.84
首爾	Emily Kim	3	25	260,303,704	217,815.52
新加坡	Bonnie Liew	12	125	1,406,075.59	1,038,790.45
台北	Leon Chen	3	27	6,514,796.50	235,693.23
東京	Ivy Soh	9	103	96,304,173	835,020.51
總和					3,222,706.25

為表格加上顏色，強化標題與重點

　　處理好內容的格式、字型、對齊、排版及線條設計，你的表格看上去應該已經不俗，最後一步就是加上顏色了。表格第一行的背景色，採用簡報的主題色，然後上文提到的縱向和橫向的強調線，同樣可以使用簡報的主題色，這兩步就可以提升投影片的整體感。就著你想在簡報提出的論述，你可能想要強調某一列、某一欄或是某一個儲存格的數據，利用投影片中的強調顏色，你可以透過更改背景色，甚至把列、欄、儲存格反白的做法，來作出強調之用。

透過利用顏色強調數據來支持你的論述

	地點	負責人	分店	員工	銷售額（當地）	銷售額（美元）
相近顏色	曼谷	Edward Tan	2	18	4,870,842.13	146,172.70
	香港	James Leung	8	98	5,841,807.61	749,213.84
	台北	Leon Chen	3	27	6,514,796.50	235,693.23
	地點	負責人	分店	員工	銷售額（當地）	銷售額（美元）
加強對比	曼谷	Edward Tan	2	18	4,870,842.13	146,172.70
	香港	James Leung	8	98	5,841,807.61	749,213.84
	台北	Leon Chen	3	27	6,514,796.50	235,693.23
	地點	負責人	分店	員工	銷售額（當地）	銷售額（美元）
互補顏色	曼谷	Edward Tan	2	18	4,870,842.13	146,172.70
	香港	James Leung	8	98	5,841,807.61	749,213.84
	台北	Leon Chen	3	27	6,514,796.50	235,693.23

透過調整顏色及使用反白進一步增加對比

地點	負責人	分店	員工	銷售額（當地）	銷售額（美元）
首爾	Emily Kim	3	25	260,303,704	217,815.52
新加坡	Bonnie Liew	8	98	1,406,075.59	1,038,790.45
東京	Ivy Soh	3	27	96,304,173	835,020.51

地點	負責人	分店	員工	銷售額（當地）	銷售額（美元）
首爾	Emily Kim	3	25	260,303,704	217,815.52
新加坡	Bonnie Liew	8	98	1,406,075.59	1,038,790.45
東京	Ivy Soh	3	27	96,304,173	835,020.51

地點	負責人	分店	員工	銷售額（當地）	銷售額（美元）
首爾	Emily Kim	3	25	260,303,704	217,815.52
新加坡	Bonnie Liew	8	98	1,406,075.59	1,038,790.45
東京	Ivy Soh	3	27	96,304,173	835,020.51

縱向比較可利用顏色作為區別

	型號1	型號2	型號3	型號4
螢幕	6.1"	6.4"	6.5"	6.2"
前置鏡頭	12M	12M	8M	11M
後置鏡頭	50M + 12M	50M + 13M	12M + 12M	50M + 10M
儲存容量	128GB	128GB	128GB	128GB

也可集中強調一個選擇

	型號1	型號2	型號3	型號4
螢幕	6.1"	6.4"	6.5"	6.2"
前置鏡頭	12M	12M	8M	11M
後置鏡頭	50M + 12M	50M + 13M	12M + 12M	50M + 10M
儲存容量	128GB	128GB	128GB	128GB

跳出表格框框，用形狀及陰影搶眼球

地點	負責人	分店	員工	銷售額（當地）	銷售額（美元）
首爾	Emily Kim	3	25	260,303,704	217,815.52
▶ 新加坡	Bonnie Liew	12	125	1,406,075.59	1,038,790.45 ◀
東京	Ivy Soh	3	27	96,304,173	835,020.51

地點	負責人	分店	員工	銷售額（當地）	銷售額（美元）
曼谷	Edward Tan	2	18	4,870,842.13	146,172.70
香港	James Leung	8	98	5,841,807.61	749,213.84
台北	Leon Chen	3	27	6,514,796.50	235,693.23

上班族學習總結

1. 把與簡報目的或訊息不相干的欄位移除或移至講義
2. 注意欄位之間的邏輯次序
3. 資料來源是表格，也可以用其他方式呈現
4. 移除表格的外框線有助提高投影片整體感
5. 表格內部的縱向線條可由結構轉為視覺引導用途
6. 縱向及橫向比較的表格有不同的對齊方法
7. 對齊數字時要留意字型設定、千分位分隔及小數點對齊
8. 利用橫向線條或交替填色，協助視線導引
9. 最後才使用顏色配合投影片主題或強調某些數據

2-2 數據分析報告中，要如何闡明數字之間的算式和關係？

顏色與線條搭配數據的設計技巧

簡報並不是直接把數據都洋洋灑灑地攤在觀眾面前，然後來一個集體解題遊戲。在向觀眾解釋數據背後的意義外，投影片上的數值之間不少都帶著關係，可能是幾個數值之間有算術上的關係，或是在兩個圖表或表格中，有一對相同的數值把它們串連了起來。在試算表軟體內，我們可以細看各個儲存格之間建立的算術或函數關係，然而在簡報中透過投影片顯示數據，就自然難以這樣做。究竟我們可以如何有效地闡述數字之間的關係呢？

利用顏色表示數值
是相同、共通、有聯繫的

投影片中相同的數值可能出現在同一個表格中、兩個表格之間或是文字與表格之間，利用顏色就可以把它們展示出來，讓觀眾快速地明白共通之處。

利用顏色作為連繫，
顯示投影片上共通的數據

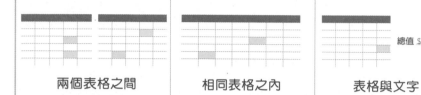

總值 $250,000

| 兩個表格之間 | 相同表格之內 | 表格與文字 |

利用淺淡色彩作為連繫，簡約低調地點出關係

透過顏色編碼闡述數值之間的關係

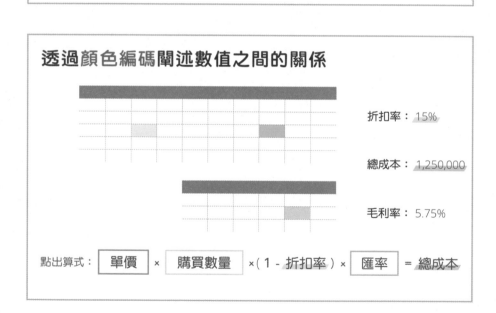

折扣率：15%

總成本：1,250,000

毛利率：5.75%

點出算式： 單價 × 購買數量 ×（1 - 折扣率）× 匯率 = 總成本

透過顏色編碼闡述數值之間的關係

| 單價 | x | 購買數量 | x（1-折扣率）x | 匯率 | ＝總成本 |

| 單價 | x | 購買數量 | x（1-折扣率）x | 匯率 | ＝總成本 |

過多的顏色儲存格容易令人感到眼花繚亂　　　　在標題列下新增顏色指示燈

減輕觀眾眼睛的負荷，也預留空間用顏色再強調某一數據

利用連接線處理大量數據的關係

　　當處理複雜的數據，單憑填色的做法會力有不逮；　或是資訊的來源並非是純文字，而是表格截圖甚至是畫面截圖，就更加難以利用以上的方法。在填色以外，我們可以考慮使用框線和連接線，把數字或資訊先圈起再連接起來。

使用框線和連接線去表示數據之間的關係

| 相同的數值 | 算術的關係 | 複雜的算術 |

遇上資料來源是截圖或是難以填色，就轉用框線吧

使用多重框線和連接線去表示數據之間的層遞關係

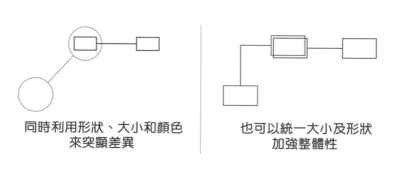

| 同時利用形狀、大小和顏色
來突顯差異 | 也可以統一大小及形狀
加強整體性 |

因應簡報的設計風格，可以有不同的解決方案

當其餘數值不可以被連接線遮蓋，可以如何解決？

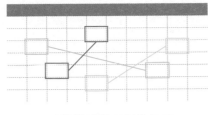

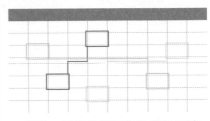

連接線遮蓋了其他內容
在一些簡報場合未必適用

新增一行較矮的列作為收納用途
輕鬆應付多重連接線

增加列或欄可以讓你更有彈性去設計視覺的強調

上班族學習總結

1 利用淺淡文字顯示相同的數據

2 數值之間的算術關係，則可以透過顏色編碼表達

3 遇上難以填色的情形，可轉用框線和連接線

4 混合多重框線和連接線表達數據的層遞關係

5 如果簡報不容許連接線阻擋其他內容，新增較矮的列
或較窄的欄作收納用途

2-3 光靠冷冰冰的數據，何來有效理解、打動人心？

簡報數據說明要避免的四個盲點

在資訊泛濫的年代，經常都會聽到「數據會說話」、「數據不會說謊」之類的說法，透過收集、分析和解說數據，我們可以得知隱藏模式、發展趨勢，甚至改變既有的認知。而在簡報內容中加入數據，有些人會覺得增強了可信度和專業度，遇上令人驚訝的數據，更容易引起觀眾的好奇心和注意力。可是，當各式各樣的數據都垂手可得，我們又是否可以信手捻來，把找到的數據都應用在簡報裡面呢？是否把數據放在投影片的正中央，就可以把話都說得進觀眾的內心嗎？

誤用數據而忽略背景因果，反而影響了說服力

在找尋或是顯示數據的時候，我們往往很在意數字本身，而忽略了數字背後的基數及背景，最終影響了簡報的說服力。

所以當找尋到數據的時候，不要先高興而忘掉了基本的查核，例如是否獨特、是否與平均數或是觀眾的期待值有足夠差距，才決定是否在簡報中使用。

過於在意數字本身，而忽略數字背後的基數及背景
最終影響了簡報的說服力

佔全市火警
14%

這個社區的火警數字偏高，接近一成半的比例，屬火災熱點，要認真研究背後的原因及防火措施

不好意思⋯⋯這個社區的人口不就是佔全市的一成半嗎？那麼火警的比例有甚麼特別呢？

精心預備的數據及投影片

Source:Pixabay(Free for commercial use;No attribution required)

　　兩項數據的趨勢（correlation）接近，並不一定代表它們之間有真正的因果關係。其中一個著名的例子，就是以下 Nicolas Cage 年度出演電影數目，與在失足墜下泳池溺斃的死者數目比較。兩者走勢那麼的接近，但是你也絕不會在觀眾面前指出 Nicolas Cage 因此不應該接拍電影吧？

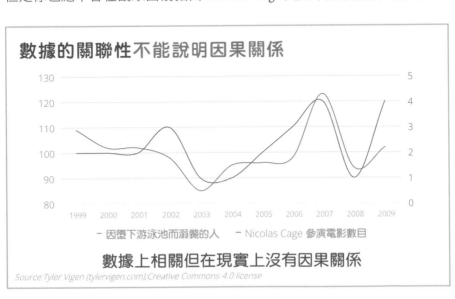

數據的關聯性不能說明因果關係

－ 因墜下游泳池而溺斃的人　　－ Nicolas Cage 參演電影數目

數據上相關但在現實上沒有因果關係

Source:Tyler Vigen (tylervigen.com);Creative Commons 4.0 license

數據比較誤用百分比與倍數，
聽眾反而產生誤解

　　做簡報的時候，在呈現某一時間點上的數據以外，我們也經常透過時間軸上的數據變化，善用比較來指出升降的趨勢，或是強調產品的改善。然而在比較兩個數據的時候，如何去說明當中的差距，不少上班族也會犯上了很基本的錯誤。

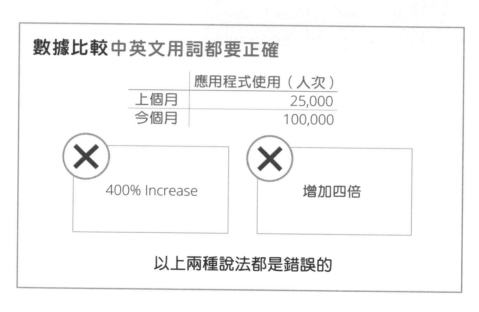

　　奇怪的是，當增長的幅度比較小，例如是由 25 到 50，「增加一倍」或是「100% increase」，大部人都能夠選用到正確的用詞。然而當增長超過一倍的時候，我們很容易會混淆一點五倍、兩倍、三倍等增長幅度。就以上的客戶由 25000 增長到 100000 的情境，我們可以選擇以下的說法來正確表示增幅。

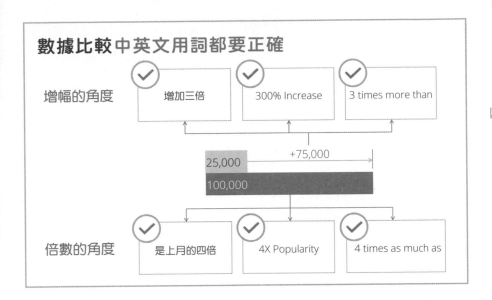

當清楚了如何準確地用百分比去為兩個數字作比較，我們來進一步探討，兩種在簡報中比較兩個百分比的方法。舉例說，公司在門市會收集顧客的問卷，來了解對服務的滿意度：

- **三月滿意度（評分為四分或五分）：40%**
- **四月滿意度（評分為四分或五分）：50%**

我們可以選擇呈現兩個百分比相減的差異，在簡報時指出滿意度增加了十個百分點（percentage point）；或是計算兩個百分比之間的增幅（percentage increase），（50-40）／ 40 ＝ 25%。算式是簡單的，但是闡述的時候就會有很大的差異。試想想如果有人在投影片中央只配上「滿意度大增 25%」的大字，而沒有說明這個數字是代表百分點還是百分比增長，觀眾容易會誤會是百分點增加，這種簡報方式有意無意地錯誤誇大了顧客滿意度的增長。因此我們在簡報中要比較百分比的時候，必須要清楚指出是採用了哪一種方法。

誤用詞語來比較兩項或更多數據，在公司內部會議小則可能會影響到別人對你的印象，但要是沒有及時作出修正，到了你代表公司在商演或示範的時候，就有機會變成了虛假陳述了啊！！

從數據提煉出意義，簡報才會受注意

以上提及在數據當中的樣本數字、基數、人口比例、以至到數據之間的比較等，都是客觀的數值，唯獨經過分析，才能夠由數據（data）提煉出意義（context）。然而在提煉的過程中，自然也會牽涉到主觀的分析，也就是為什麼同一組數據，有些人可以演繹得打動人心，有些人賣力介紹但仍然是水過鴨背。我們就一起來看一下，如何讓冷冰冰的數據變得窩心。

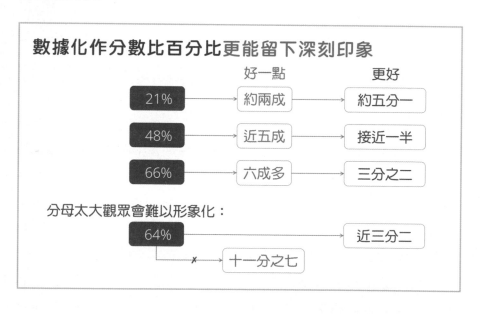

數據化作分數比百分比更能留下深刻印象

	好一點	更好
21%	約兩成	約五分一
48%	近五成	接近一半
66%	六成多	三分之二

分母太大觀眾會難以形象化：

64% → 近三分二
64% ⤳ ✗ 十一分之七

　　把數值呈現成比例以外，要傳達到觀眾的內心，也要跨越另一個鴻溝，就是與觀眾的關聯性。

　　根據英國國民保健署（NHS）於 2019 年的調查，近 75% 年齡為四十五歲或以上的英國人為過重或肥胖（BMI 指數超過 25 或 30）。要是我們要向當地的居民做簡報推廣健康的重要，除了把 75% 換算成四分三以外，還有兩個方法更能讓觀眾感受到這個比例。

　　假設場地是一個演講廳，觀眾分佈在約十二行的座位上，我們可以利用破冰的手法，讓坐在前三排的觀眾舉手，然後才指出，平均來說，只有四分一的觀眾，亦即是正在舉手的頭三行，沒有體重的問題，讓觀眾親身感受到這個比例。或是在一些比較非正式的場合，我們可以要求觀眾與附近坐著的人牽手，以四人為一組，最後才揭曉每組都有三個人面對著體重的問題，讓他們面面相覷，營造出一點群眾壓力，令觀眾感受到體重和健康的問題是切身的，而並非投影片上一個冷冰冰的數字。

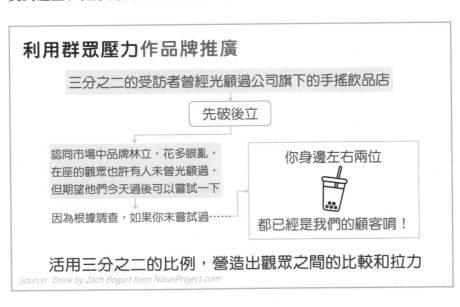

利用群眾壓力作品牌推廣

三分之二的受訪者曾經光顧過公司旗下的手搖飲品店

先破後立

認同市場中品牌林立，花多眼亂，在座的觀眾也許有人未曾光顧過，但期望他們今天過後可以嘗試一下

因為根據調查，如果你未嘗試過……

你身邊左右兩位

都已經是我們的顧客唷！

活用三分之二的比例，營造出觀眾之間的比較和拉力

Source: Drink by Zach Bogart from NounProject.com

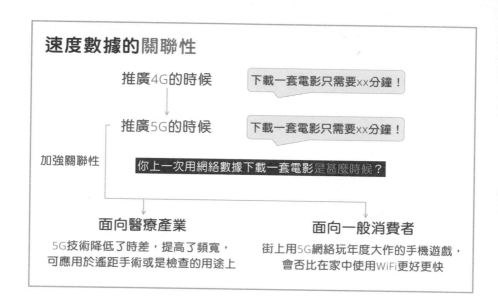

可能你會疑問，那為甚麼汽車業要強調加速度的硬數值，時速由靜止到六十公里要花多少秒，一般使用者能夠親身感受到分別嗎？這好像不是生活化的關聯性例子啊？由靜止起步的加速度，並不是生活化的數字，但是因為市場上的競爭，這個數字已經成為各個車廠技術比較的標竿，也成為了同一個市場區隔各款汽車比較的方式之一，甚至對於某些車主來說，是一個帶來自豪感的數字。從這些角度來看，未必是生活化但是具備充足的關聯性了。

仔細設計數據與現場聽眾之間的關聯性

處理倍數的時候，我們很喜歡利用著名的景點或是地方來作出比較，例如是如果把貨物頭尾接駁起來，可以環繞地球多少次，可以來回

地球至月球多少次，或是可以是 101 大樓多少倍的高度。這些都是很能夠受注目的例字，但是在數字比較上的應用未免已經非常普遍了，對觀眾的關聯性也不是真的很高。要是數字大得可以足夠環繞地球 25000 次，而你在投影片中誤值成了 2500 次，變成了十分一的數字，可是簡報過後，在觀眾的眼中的效果，環繞地球 2500 次和 25000 次，也都是「很多次」而已。

面對面形式的簡報，與其他媒介所不同的是，你有機會先了解到觀眾的背景，並度身訂造適合的例子。如果觀眾都喜歡駕車，那麼要闡述地球到月球的距離的時候，你可以把三十八萬公里說成，駕車時速一百公里，每天廿四小時不停步，五個多月才能到達的距離。那麼如果要說明的數字更大，約為地球到月球距離的十倍呢？你可以更生動地說明，要是觀眾的子女在讀大學，在開學的一天就要出發，到達的時候他們都已經畢業了，因為時速一百公里也要駕駛四年多才能跨越這個距離啊！

又或者你要説明城市間每年要處理的廢寶特瓶數字，把寶特瓶堆疊起來有四十座 101 大樓那麼高。可是在觀眾眼中，101 大樓的二十倍、三十倍、四十倍，也是屬於「很多」而已。不使用高度，也可以選擇平鋪的面積，嘗試不用上人人也會用的鋪滿多少個足球場作為比較，不如試一下指出寶特瓶總數量可以完全鋪滿那一個、甚至幾個縣市？有新意亦更具關聯性。相比起每每用地月距離的倍數或是 101 大樓的高度作例子，以上的方法更能讓觀眾感受到距離的遠或是廢物的量，也更容易有深刻的印象。

在大數據的年代，要取得獨特或是有趣的數據，已經不再是困難的事。然而要將你從其他人區別出來，就要靠避免數據誤用、使用正確用詞、用心分析數據，並致力提高數據與觀眾的關聯性。説不進觀眾心裡的，任憑你在數字上加上甚麼動畫效果，也是一場失敗的簡報。

上班族學習總結

① 數據不單是數字，表達時要考慮基數與及採樣的方式

② 闡述數據的變化時，中英文的用詞都必需要正確

③ 將百方比化為比例，更易令觀眾明白及留有印象

④ 提高數據與觀眾的關聯性，才能夠把訊息傳到內心去

⑤ 展示冰冷的數據時如果能導入情緒，觀眾更有代入感

2-4 圓餅圖簡單好製作，但慣用圓餅圖是好選擇嗎？

不要踩到的圓餅圖地雷

圓餅圖是我們學習圖表中，最先接觸到的類型之一，有些人喜歡它的簡單直接，有些人討厭它的先天限制，那麼圓餅／圓環圖有什麼的缺點，上班族又如果好好運用呢？

圓餅圖的普遍用法，在於顯示各種數據的佔有比率，無論製作、觀看、解說都簡單直接，所以在辦公室文件或是簡報也很受歡迎。

有些人會覺得，簡報中的投影片要有飽滿感，放一個大大的圓餅圖，便佔上了大部份空間，看上去吸睛、專業；而且相比起其他圖表例如長條圖，需要花心思處理兩軸、間線等，圓餅圖就少了這些功夫。

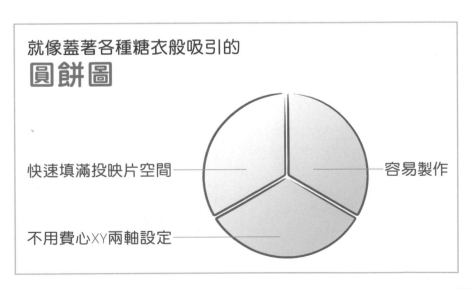

就像蓋著各種糖衣般吸引的
圓餅圖

快速填滿投映片空間 ── 容易製作

不用費心XY兩軸設定 ──

圓餅圖難以表現極端數值

　　然而，圓餅圖先天的形狀，除了以上的優勢，卻也帶來了兩個限制。

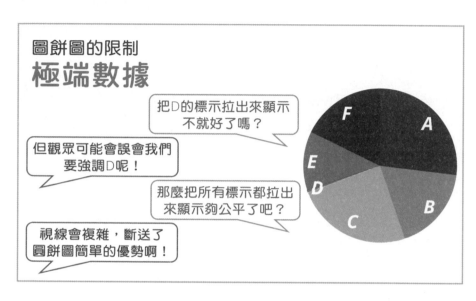

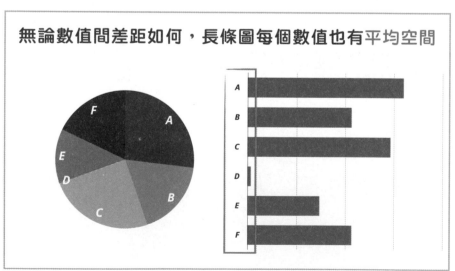

圓餅圖難以塞進更多數據

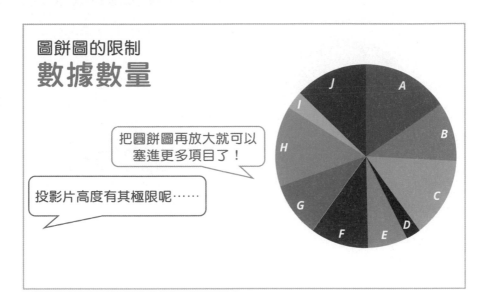

換轉成下圖右方的長條圖，沒有圓形的物理限制，我們仍然有空間去自由伸展 X 或是 Y 軸，來換取空間去顯示更多的數據量。另外，受惠於廣受歡迎的 16:9 或是 21:9 的投影片比例，相比起圓餅圖受到投影片高度的限制，長條圖的極限是近兩倍的投影片闊度，設計上我們有更大的空間去處理和發揮。

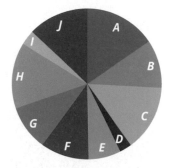

長條圖可以充分利用投影片的寬度來容納更多數值

需要同步增加高度與寬度　　　　只需要增加寬度

圓餅圖容易造成視覺錯視

先天限制以外，有些人會誤將一個切成三等份的圓餅圖，當作成資訊圖的模板使用；然而如果配上三項數據，就會引來了總和大於 100% 的笑話，就像是美國 Fox 電視台以下的經典作品。

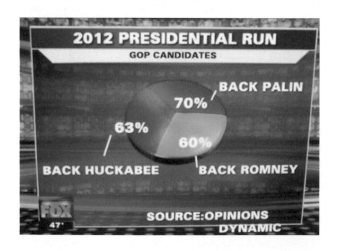

把圓餅圖設定為 3D 也有機會故意或是無意地為觀眾帶來了錯覺，感覺上較「近」觀眾的部分（例如上圖的綠色）會被看成比實際上 / 紅色大一點。

圓餅圖難以進行數據互比

哪怕我們小心翼翼去避免以上的錯誤，圓餅圖的設計在一些場合也不適合發揮。

要是你在簡報中想比較兩項數據，因為人的視覺在比較弧形大小的時候會困難和費神，所以在圓餅圖上做比較，有機會令事情事倍功半。例如是兩項數據是否相同，或是兩項數據之間是否有倍數的分別等，我們可以一起做以下的練習（答案在下文）。

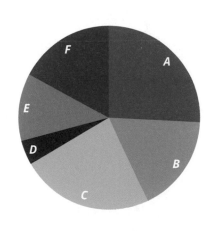

圖餅圖的限制
數據互比

- ▶ A與C是否相同？
- ▶ B與F是否相同？
- ▶ C是E的雙倍嗎？
- ▶ A是C的三倍嗎？

從以上的練習我們可以看出，在同一個圓餅圖中，比較各項數據的困難。那麼，在兩個圓餅圖之間的對比呢？有一些公司的年報或是簡報，喜歡利用兩個或更多的圓餅圖，去代表歷年來的變化。

如果只是單憑肉眼，是不容易判斷同一項數據，在兩年之間的分別、增長。兩個圓餅圖之間的比較，不是不可能，只是會費神。

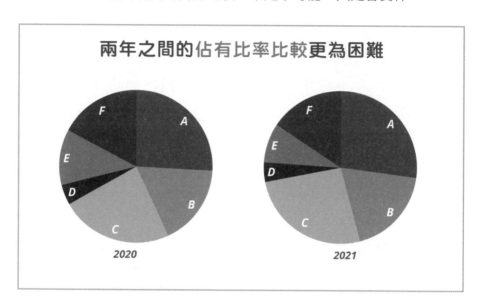

改成圓環圖，還是難以避免圓餅圖的老問題

圓餅圖的變奏，就是把中間挖空了的圓環圖。圓環圖中空的位置可以放上題目、圖例、標示或數據等，充份利用中間空間的同時，又減輕了在圓形以外，對投影片上其他原素的壓迫感。用心配上適當的顏色，圓環圖的設計看上去可以比圓餅圖輕量、時尚得多。

把圓餅的中央挖掉了，看上去輕量的圓環圖，當我們嘗試去比較數

據的時候，腦海中還是會重構圓環中央的角度，再嘗試去推斷大小和作出比較。亦即是説，圓環圖並沒有從根本幫助解決圓餅圖以上所説的幾個問題，極端數值、數據數量、數據互比，都仍然是使用圓環圖要留意的地方。

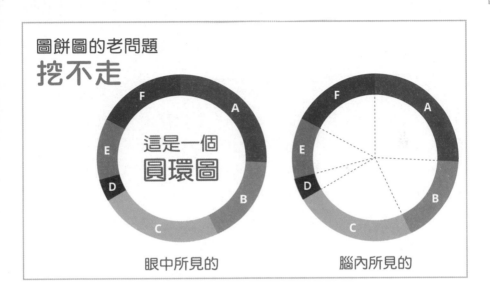

圖餅圖的老問題
挖不走

這是一個
圓環圖

眼中所見的　　　　　　腦內所見的

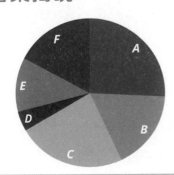

上班族實習時間

答案揭曉

▸ A 與 C 是否相同？　No

▸ B 與 F 是否相同？　Yes

▸ C 是 E 的雙倍嗎？　Yes

▸ E 是 D 的三倍嗎？　No

多項數據變化比較，如何用圖表有效呈現？

長條圖的簡報設計技巧

　　承接上一個章節，有一些公司或是媒體，在年報或是分析當中，捨難取易地先採用一年一個圓餅圖的方式，去展現佔有率的變化（如下圖），圓餅圖在數據類比性的弱點便會被顯露出來。眼睛需要不停來回於各個圓餅圖之間作比較，而且只能以數字去相比，因為面積的比較實在是困難。

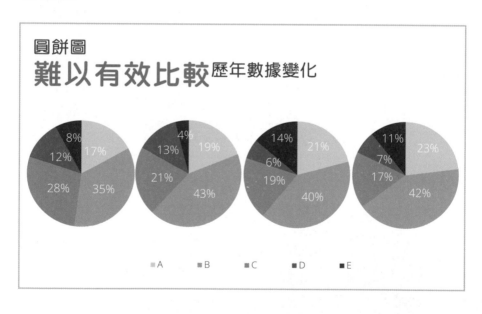

利用長條圖面積對比，一眼看懂
多數據高低變化

那麼，我們換上長條圖（Bar Chart），看看會否有幫助？在仍然可以透過數字作比較的情況下，面積（亦即是長條圖的高度）這時候就切實和容易地反映出佔有率在各年之間的升降。觀眾甚至不需要眯著眼看數字，單憑長條的高度已經可以看出趨勢；這樣可以減輕了對他們眼睛和腦袋的壓力，愈放鬆愈容易專心去聆聽你想說的訊息。

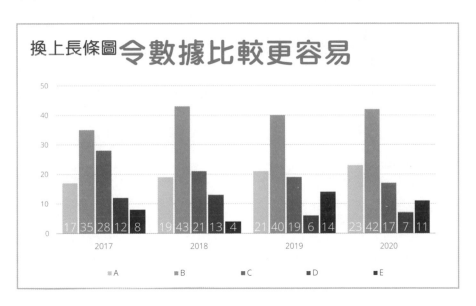

設計堆疊長條圖，同時展現總和比例關係

由圓餅圖轉換到長條圖，感覺上就好像把橘子，按比例地剝開了一樣。在剝開的過程中，同一年份內五個項目的佔有率，在圓餅圖中顯而易見地表達出的「相加是 100%」的關係，如果只集中看其中一年的

在長條圖，這種「相加是100%」的關係在視覺展示中便減弱了不少，可能被看成是五個沒有特別關係的數字一樣，他們的總和，就像是剛好一百而已。

為了補強這種相加關係的表達，我們可以從長條圖再換上堆疊長條圖（Stacked Bar Chart）。堆疊長條圖就像是攤開了的圓環圖一樣，每年的總長度一致，每個數據按比例分配長度。這種做法這幾年也頗流行，尤其是用於政府表現評分變化，民意調查結果的趨勢等。

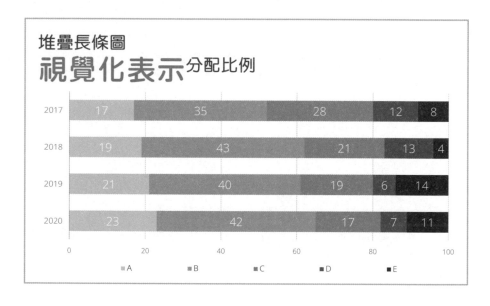

總長度的分配有助表達了上述的相加關係，同時眼睛在上下比較的時候，不用細看數字，估算一下面積或是寬度的變化，便可以知道數據在各年之間的變化。這種做法，各取了圓餅圖和長條圖的優點，而且也比枯燥的兩者帶來一點新鮮感和設計意味。

如何在堆疊長條圖中顯示極端數據

　　說到這裡，或許你會疑惑，在上一篇文章中，圓餅圖其中一個缺失之處，不就是沒能支援極端的數據嗎？堆疊長條圖，顧名思義正是會把數據堆疊起來，那麼極端的數據又怎麼辦？

　　在數據可視化當中，其實也有很多不同的技巧，其中一款是瀑布圖（Waterfall Chart），除了可以用來顯示數據在各階段的增加或是減少之外，另一種用途就是把堆疊式長條圖，以錯開的形式，像是下圖般如瀑布一樣地展示出來。

　　這款變奏保留了堆疊長條圖上述的好處，而且也可以應付極端數據的出現，就正如上班族用不同手法解決問題一樣。

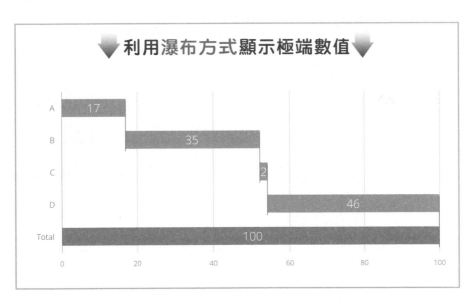

在堆疊長條圖加一條線，看出變化趨勢

　　堆疊長條圖在協助顯示單種數據的跨年變化以外，也可以協助我們發現數據組合的趨勢。從下圖的左邊看起，假設這是顧客歷年來給予產品的評分，透過數據的堆疊我們可以發現到一個模式，就是在這些年之間，給予 A、B 或是 C 分數的人，雖然各自在比率上會隨年月變遷，然而把他們相加起來，比例的總和卻從來沒有低於百分之八十。

　　這種模式的發現是普通長條圖在舉目所見的情況下所不能給予的商業智慧（business intelligence），可以幫助我們無論在數據分析，或是推動方案時，從另一個角度去了解及展現數據。

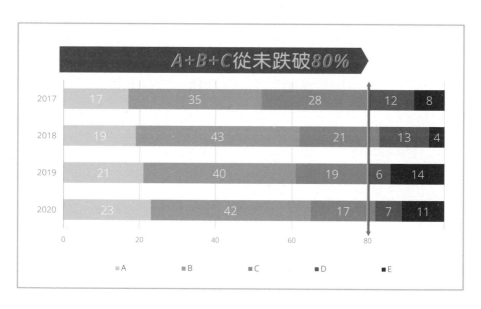

　　正因為堆疊的模式，長條圖在各個年份的長度也是一致的，故此這一種數據模式的發現，自然也可以從圖中的右手邊開始，同樣的道理，我們可以發現或是在簡報的時候指出，給予產品 D 或是 E 評分（亦即

是不及格）的比例，在歷年也不曾超越百分之二十。以上數據組合的分析，特別適用於產品或是品牌評分，以及政策或政要的民意調查和支持度分析。

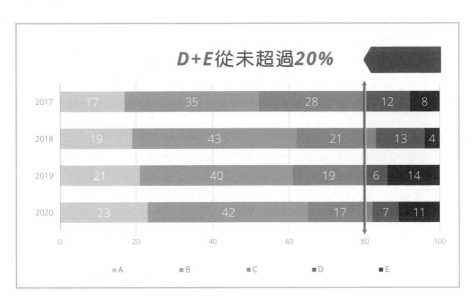

上班族貼心提醒

用於顯示分配比例，堆疊長條圖每項數據的總和都是100

要小心避免小數點後的四捨五入造成的誤差：

- 圓餅圖的總和是99.9或是100.1，只會輕微影響各扇形的面積分配
- 堆疊長條圖的總和，則會影響到長條的總長度，2019年的總和99.9，碰上2020年總和的100.1，兩年的長度便可能出現肉眼能看出的差別

利用堆疊面積圖，比較兩年之間的
數據占比變化

　　然而，沒有一種方法是百利無一害的，當我們在嘗試解決問題的時候，也要當心，避免引來了其他新的問題。

　　堆疊式的數據顯示，在長條圖的表達模式以外，也有堆疊式的面積圖（Stacked Area Chart）。你可以把它幻想成折線圖，再把各條折線之間的距離填上顏色。堆疊面積圖也很受外媒的歡迎，例如下圖左方的面積圖，展示兩年之間，各個項目佔有率的變化。從左至右看，面積彷彿都成為了梯形，透過優雅的斜線和形狀，項目是增長了，或是減少了，對觀眾來說，眼睛看得輕鬆舒服。

　　只是當我們開始貪心了，想利用堆疊面積圖去表達三年、四年甚至更多年份數據起跌的時候，錯視的問題又會再悄悄地出現。堆疊面積圖

的問題，在於每一個數據的形狀、或是線的坡度，都是受到了上下兩個數據的趨勢所影響。

我們可以看看藍色的距離，這是視覺最直覺的量度方式，與斜線成直角，利用闊度的變化來估算數據的走向，結果自然是覺得中間的項目是減少了；但當我們跟從堆疊面積圖的原理，正確地利用橘色的垂直線來量度，雖然與直覺的感受有所衝突，但是仍然證明了，中間的項目其實在數年間也未有改變，只是因為底層項目在第三年的急升，而導致了中間項目的斜線變得陡峭，因而出現了錯視的情況。

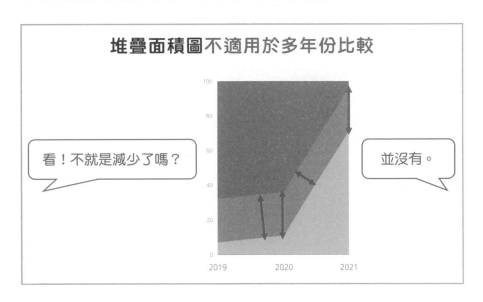

2-6 佔有率、進度百分比的比較，如何用圖表有效呈現？

圓餅圖的簡報設計技巧

那麼，圓餅圖、圓環圖是否百害而無一利呢？答案其實一直隱身在我們的生活中，就是時鐘和手錶。

圓餅圖可以強化佔有率的理解

從小我們便被訓練如何去讀時鐘和錶面，圓形分開成十二等份，表達了十二個小時，這種讀時間的技巧在長大的過程中已經深深地烙印在我們的腦海中，成為了一種反射作用。對在智能手機和電子手環年代成長的新一代來説，固然接觸到數字顯示可能比看時鐘更多，但我相信以下分享的技巧仍然有其相關性的。

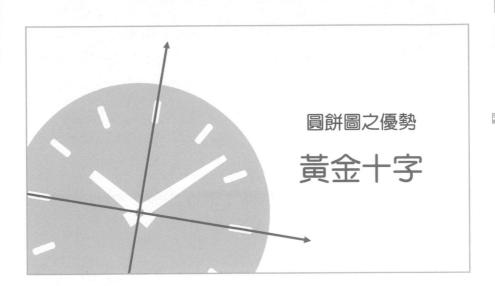

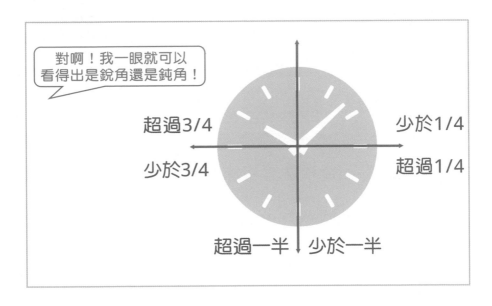

　　在腦海中對時鐘刻度的敏感，或是說，對圓餅中央是直角與否的敏感，可以用來加強數據表達的效果。

在下圖中，我們在簡報的時候想要強調第三項數據，而剛好它是佔約四分之一，圖中顯示了運用圓餅圖、長條圖以及堆疊長條圖三款圖表的不同選擇，要是看過投影片幾分鐘過後再問起你，那一個圖令你最有「佔四分一」的印象？

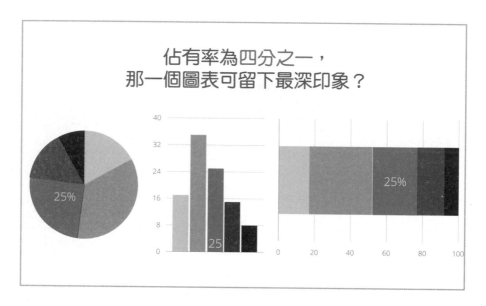

圓餅圖可以看出幾項數據相加後的佔有率 ─────○

如果兩個數據相加超過了一半的比例，在簡報中要強調這個關係，圓餅圖也可以是一個選擇，我們可以再一次比較三款圖表，那一個可以令觀眾更能記住「超過一半」的比例。

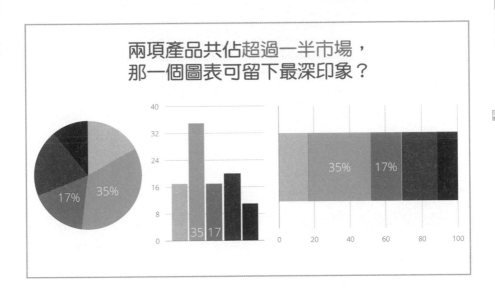

在堆疊長條圖的部份中，我們探討過發掘數據組合模式的可能性，從數列中的最小或是最大開始，組合不同數據看佔有率的變化。然而如果是在數列中間的組合，例如 B 和 C 評分總和的比例有沒有出現有趣的模式，堆疊長條圖就沒有那麼的顯而易見了。

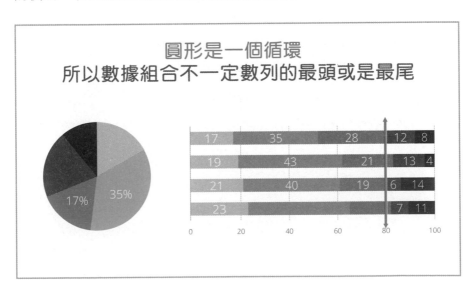

利用圓環圖強化專案進度報告

　　圓餅圖的近親，圓環圖也有其可貴之處。在商務簡報中經常需要報告進度，像是產品的開發、測試，或是專案的推動、各部門的達標率等。最常見的做法就是用顏色分類，即是所謂「紅綠燈」的 RAG（Red, Amber, Green）標記，以快速突顯進度是否落後，有沒有需要管理層的注意。就像汽車上的儀錶板，或是電影中電腦控制中心的儀錶板一樣，我們在顏色區分以外，更可以加上圓環圖來加強在投影片上的視覺效果。

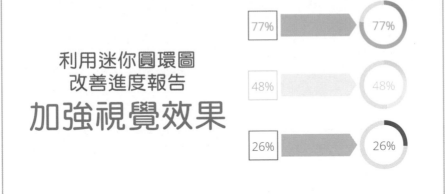

每種圖表都有其特性、優劣、或是潛在的錯視危機。活用不同種類的圖表，一方面為觀眾帶來新鮮感，另一方面也可以選擇最好的方式來表達你想傳播的訊息。

上班族學習總結

1 圖餅圖難以支援極端或是大量數據

2 單一圓餅圖中數據之間的比較也不容易

3 圓環圖設計相對俐落，但是也繼承了圓餅圖的弱點

4 利用幾個圓餅圖來顯示數據的跨年變化，要很用心地來比較

5 長條圖可以解決數據比較的問題，但會失去了整體比例

6 堆疊長條圖集兩者之大成，所以這幾年也愈見流行

7 堆疊面積圖較適用於兩年之間的比較，用來顯示變化的趨勢

8 人眼對銳角與鈍角的分野因為看時鐘而有充足訓練

比較數據的時候，使用很酷的面積圖適合嗎？

面積圖的地雷與使用技巧

除了作為現代護理的先驅，南丁格爾創作的玫瑰圖也是數據可視化的一大突破。然而在代代相傳的完成品背後，玫瑰圖的創作過程中，她也曾犯上你和我經常會犯的設計錯誤。她錯過了甚麼？如何作出修正？疫情下佔據新聞版面的資訊圖，以至上班族為公司預備的部門簡報，又有些甚麼類似的問題要注意呢？

南丁格爾的玫瑰圖是 version 2？

小時候在校所學，南丁格爾 (Florence Nightingale) 就是白衣天使的代表，提著燈在夜裡為傷兵治療打氣。長大了慢慢學習數據表達，方才發現她在提倡改善衛生，以提高克里米亞戰爭中傷兵的存活率的時候，創作了後世稱頌的玫瑰圖。在與友人的書信中，她更流露出在為自己的信念與當權者周旋的時候，自己對資訊圖的熱情："Whenever I am infuriated, I revenge myself with a new diagram."

以下就是後世很多數據書籍和展覽也會使用的南丁格爾玫瑰圖。

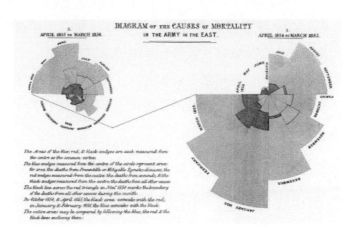

它以圖像化顯示了在衛生委員會到達醫院的前後（右為到達前，左為到達後，月份為順時針走向），傷兵死亡率尤其是死於併發症呈現的顯著下降，以此證明衛生對於英軍傷員存活的重要性。

而其實，著名的玫瑰圖有 v1 ！南丁格爾稱其為 the bat's wing 的雷達圖，就是玫瑰圖的前身。

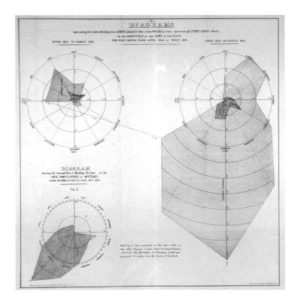

作為 version 1，當然沒有像玫瑰圖那樣舉世聞名。雷達圖要表達的是同一項數據，十二個軸線代表了一年中的十二個月，在雷達圖上的文字指出是以相關月份的面積來表達死亡率。然而南丁格爾發現了，自己所作的雷達圖，各軸線的長度其實已經代表了當月死亡率，故此面積變相是跨大了啊！

面積與長度的比例是平方比，我們可以看看下圖，當數字增長成兩倍、三倍和四倍的時候，錯誤和正確使用面積的比較，誤差可是會愈走愈遠。

面積要正確表示，那麼數字增長到四倍的時候，面積亦應該增長到四倍（下半圖），而非上半圖的十六倍。南丁格爾發現了自己的錯誤，就在雷達圖附上了說明文字；不久就以更新了的玫瑰圖新設計來取替了它。玫瑰圖使用了面積去表達出死亡率，修正了雷達圖帶來印象的誇張。

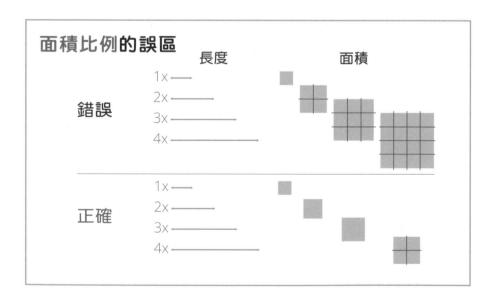

面積比例的誤區

長度　　　　面積

錯誤
1x
2x
3x
4x

正確
1x
2x
3x
4x

面積圖看得出大小，但難以比較倍數

面積圖，正方形也好，圓形也好，適合於表達數據的分野、分佈或趨勢。 要是你想談幾個數據點之間的確切關係，人的視覺是很難直覺地判斷兩個形狀之間的差異有多大。

就拿下圖做一個例子。橙色線是一倍（5）的基線形狀，再放到其他形狀上作提示。除了四倍的分野很明顯以外，要是遮蔽了左面的解說，只比較形狀與橙色線，你們可以一眼看穿是代表了數據增長了兩倍和三倍嗎？ 更何況，實際情況中數據點之間往往都不是整數的比例。

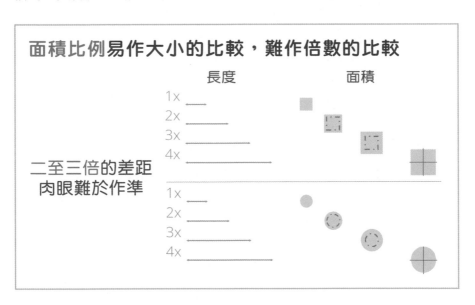

面積比例易作大小的比較，難作倍數的比較

長度　　　　　　　面積

二至三倍的差距
肉眼難於作準

有一些網站和書籍都提倡使用形狀來表達數字，「今晚來點不一樣的」，然而這樣做很容易墜進了設計的陷阱。當採用非幾何形狀，例如人形、國家地圖等，要是從寬度或高度作分割，步驟上是很容易，但實際面積分割，因為不規則的形狀，自然數字上會是錯誤的。要是堅持

數字上絕對正確，從面積著手分割，不單費工，部分觀眾也可能難以寬度、高度去理解你的形狀。

不規則形狀**比例易帶來誤導**

寬度的部份，還是面積的部份？

高度的部份，還是面積的部份？

上班族實戰技巧

輕鬆為形狀繪上兩截顏色

有時候我們想為不規則的形狀設定成兩截顏色，又不想用上布爾運算，最快捷的就是漸變色：

1. 在漸變色填充功能中只選擇兩種顏色
2. 把它們的位置拉近直至兩者只差1%
3. 完成！就是這麼簡單

好像怎麼做也會引來部分觀眾的誤解，那如何是好？可以選擇少採用這種方法，或是更細分地使用，例如要表達七成人口，可以用十個人形，再把其中七個著色；或是用上五個人形，再把三個半著色，不過記著是左右分割，人形才在視覺和面積上都是剛剛好一半。

利用面積泡泡圖比較多層資訊與極端數據

在疫情和社交媒體兩大趨勢下，資訊圖的使用得以變得普及。面積圖，尤其是泡泡圖也大量地被使用。看到這裡你當然會明白，最普遍的錯誤觀念就是把泡泡的半徑，成比例地增長，而令面積成平方的比例錯誤增加。

那麼退後一步説，為什麼要用泡泡圖？

長條圖，折線圖，scatter plot 等，都能顯示兩個數據之間的關係；泡泡圖帶來了面積（當比例沒有被搞錯的時候），成為了第三種數據。舉例説，社區之間的疫情分佈，上下左右兩軸可以在地圖上代表社區或街區的位置，泡泡的面積就代表了確診者的數目。

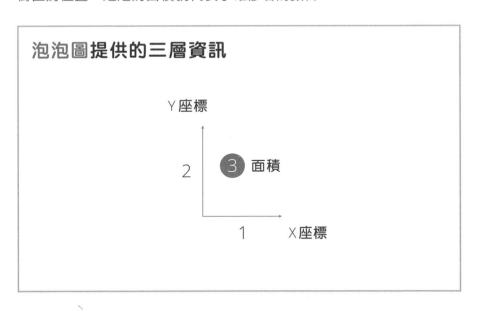

泡泡圖可以再加上第四層資訊嗎？有三種可能性：

- 以顏色的深淺去表達一個數列，愈深色代表一種意思。不過有些觀眾對顏色不大敏感，或是簡報的載具，例如舊式投映機，未必能清楚顯示出各個顏色深淺的分野，這種方法要小心使用；
- 以兩種顏色去表達兩種數據，例如紅色是女性受訪者，男性則是藍色等。
- 以顏色去表達數據上的分野，例如一種顏色代表一個國家，我們在很多全球疫情比較的資訊圖也有看過。

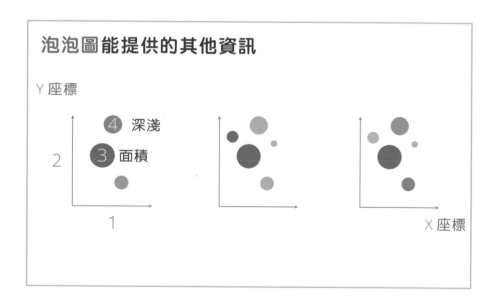

除了多層數據表達以外，面積圖或泡泡圖等有沒有其他的好處？就是利用次方的面積比。遇上距離很大的數據點，例如平均數據約在單位數的水平，只有一個數據是差異成幾十倍，使用長條圖，哪怕是把投影片的寬度都用盡，也未必能美觀地呈現數據。有些人會把長條斬開，加

上閃電圖案去指出數據的斷續，但這樣做會令數據變得不符比例。

　　利用平方的面積比，幾十倍的差距也可以壓縮得可以在投影片展示出來，反過來用平方根來幫助自己：

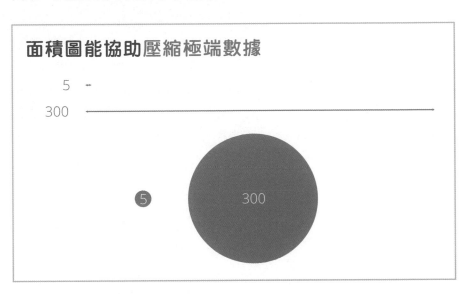

上班族學習總結

1 面積圖的設計要小心別用上長度作為比例

2 面積圖容易分別數據之間的大小次序，較難識別當中倍數的差距

3 不規則的形狀著色以長度還是面積為單位，會否造成觀眾誤會？

4 泡泡圖能夠提供多層次的資訊

把複雜圖表變得精簡易讀的技巧

　　有些人經常會慨嘆，成年人的世界很複雜。上班族要在大企業裡面求存，當中的人事、架構、系統、流程，就只會愈見複雜。無論你是在人資部門、專案管理、風管合規、資訊科技等部門工作，也總有機會在會議或是簡報中，介紹公司裡面複雜的組織圖、流程圖或是系統圖。處理複雜架構的時候，要兼顧展現與闡述，觀眾見樹也要見林，怎麼樣做才可以做好平衡呢？採取一頁式的簡報是適合的做法嗎？

　　就像把家裡都打掃整理好一樣，把一些複雜的流程和概念，整理好並視覺化地表達出來，會令人有一種莫名的滿足感；要是在整理的時候，能夠把整個架構都裝進一頁紙或是投影片的時候，當中所要求的排版、邏輯和美學技巧，更不是每一個人能夠做到，我們大概都遇見過沒有對齊，支線都混亂地交疊在一起的流程圖吧！

把整張流程圖擠壓到一頁簡報的問題

　　然而，如果我們把辛苦做好的一頁式（one-pager）的結構圖運用在簡報過程當中的時候，會遇到以下問題。

　　文字無可避免被壓縮：投影片或是螢幕的大小是有限的，愈是複

雜的流程或是系統設計，就有愈多的節點和層次，結果我們在別無選擇之下，只好不斷地壓縮文字和節點的大小，直到整個架構都能夠裝進去一頁裡面。過小的文字在簡報中呈現，觀眾看得辛苦的時候也會失去興趣。

觀眾只看想看的部分：把整個流程或架構都裝在同一張投影片，顯示在螢幕上的時候固然帶來了張力，但是你希望觀眾閱讀和理解內容的動線，往往跟現實有一段距離。例如宣布新的人事架構，你可能想從甲部門說起，然而在投影片顯示的一剎那，觀眾正在看甚麼？先找有沒有自己的名字，然後再看有沒有熟悉的名字，再在內心比較誰升遷了誰調職了，討論新的名字是否來自總部空降……

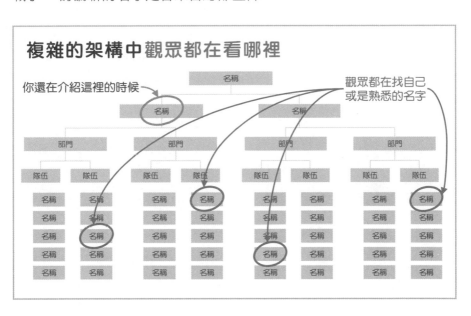

先把底層資訊抽離，分段展現

　　針對以上幾點，上班族在設計複雜架構的投影片的時候，可以考慮幾種做法。

　　第一個做法，把底層資訊先抽離。假設你要簡報的架構有五層，那先準備一張由最高第一層到第四層資訊的投影片。觀眾可以見到接近全部的架構，明白當中的層次，當觀眾領會到大方向的結構後，我們在後續的投影片才把最底層，第五層的資訊慢慢闡述，這樣做不但爭取了更多視覺上的空間，相比起一次過顯示全貌，更能夠在觀眾心裡產生拉力與懸念，令他們有興趣跟隨你的節奏和路線，走過簡報的旅程。

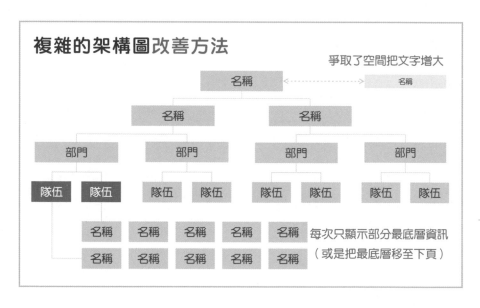

　　除了架構圖以外，比如說商業邏輯的流程圖，當中會牽涉到不同部門，部門之中亦有不同的工序，那麼與其把整個流程一下子顯示出來，我們可以先讓觀眾對部門的分工有概念，並把工序組合成群組，然後再

深入去闡述各個工序的詳情。

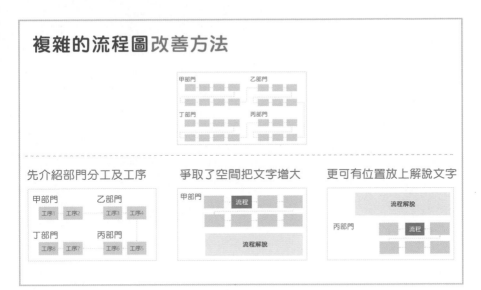

統合和觀眾無關的部分並概略展示

　　整個流程圖的仔細度不需要平衡，公司裡面的文件，固然是愈仔細愈好，但是當我們要把內容搬進去簡報的時候，經常會有一個誤解，就是架構的仔細度是需要一致的。

　　例如簡報的內容可能是要討論網上理財如何顯示電子月結單的改進，那麼相同系統內其餘的部分，例如是風險管理、身份驗證、財務報表等，觀眾不需要知道詳細的架構或是他們之間的資訊動線，就未必需要如此的仔細度。

　　我們可以把與簡報無關但是彼此相關的系統分類放進群組之中，降

低了仔細度的同時，設計上也可以導引觀眾的目光到與簡報主題有關的系統上，解決了文初提及觀眾不知道要看甚麼的問題。

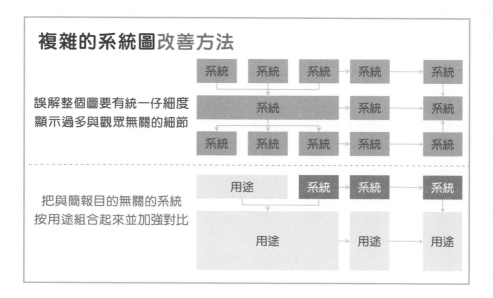

切割你的圖檔並善用圖層

你可能會在想，這樣做未免太理想化了吧？現實生活中，很多公司的架構圖、流程圖、系統圖的原始檔案都已經遺失了，或是繪圖軟體的許可證都已經過期了，就算明白上面提到的方法，也是執行不了的。這個時候還有最後一種做法。

面對架構圖在公司只剩下 PDF 甚至圖片檔的時候，又不想從頭畫起，可以嘗試把文檔或是圖片放大，並利用截圖或是切割來把它們分開。

在上面流程圖的例子中，若是只剩下圖檔可以使用，先放大圖檔並

用「田」字型切割開，就可以得到四個部門各一張圖片。放進去投影片的時候，用簡報軟體的內置功能，調整一下光暗和對比，令圖片上的文字有足夠的反差。

至於在上面系統圖的例子中，把原來的圖片檔或是文件檔匯入投影片之後，便可以透過插入大片的形狀，覆蓋與簡報目的不相關的系統，再在形狀上加上它們所屬的用途便可。利用形狀組合及圖層調整，我們可以做到很仔細的覆蓋，不要忘記，在顯示投影片的時候，觀眾看得到的是平面的最後結果，背後的圖層是否複雜或是取巧，他們是不會在意的。

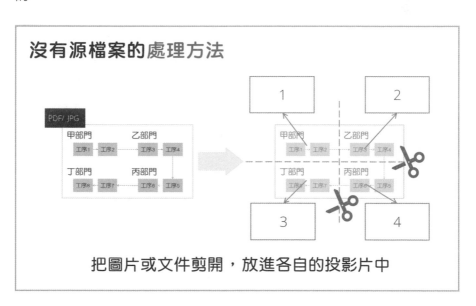

一頁式統整可以當作簡報總結

　　談到這裡，你又可能會問，那麼用心製作的一頁式投影片是否不重要了？非也非也。

　　一頁式的投影片，只是不適合作為簡報中唯一的內容。我們來回想一下，在博物館或是文創園區逛展覽的時候，很多展覽也會在禮品部售賣展覽的小冊子或是書籍，但大家還是會覺得，慢慢走過展覽的動線，一步步的察看和理解當中的內容，會更享受和容易明白，到最後如果很喜歡這個展覽，就會把書籍都買下來。

　　一頁式的投影片也如是。在簡報的過程中，它比不上慢慢把布幕揭開的吸引，文字過小或是不相關的內容也會影響到觀眾的專注力，但是當我們將複雜的結構，透過層遞式的簡報充分說明以後，一頁式的投影片，作為簡報時的總結頁，或是作為讓觀眾下載或是帶走的講義，可以使他們在已經了解過一次簡報內容過後能夠再作回想和複習，就能夠在適當的時機發揮到自身的魅力。

上班族學習總結

1 一頁式的簡報可綜覽全部內容，但是
- 字體無可避免縮小
- 觀眾只想找想看的部分或不知道該看哪裡

2 可以採取以下的做法
- 把最底層資訊移至第二頁
- 把與簡報無關的資訊組合及降低視覺對比

3 遇上沒有源檔案，把圖片或文件切開到不同的頁數去

4 把一頁式簡報留待總結或講義之用

2-9 簡介公司歷史、專案未來計劃，
如何善用時間軸？

設計時間軸要注意的 7 個地雷

商務簡報中，經常需要運用時間軸，來代表公司部門的發展史、產品的開發的更生歷程，有些人喜歡借來作簡報的目錄頁。畫幾個圖，或是套個模板，看似輕易的事，但要有新意，又要不誇張，又要看得舒服，要怎麼做呢？

時間軸最少要有幾點？

先旨聲明，無論你的簡報比例如何，要是說明的項目少於四個，還是不要以時間軸或是時間線的方法表達，否則只會令畫面十分零落，不是留白的設計，而是內容的缺乏。

時間軸用直線還是曲線較好？

選擇了採用時間軸，就要去決定動線。

傳統的方式，固然有垂直和水平直線的兩種。拜模板文化所賜，婉延蛇型的，或是依山而建的動線也存在。然而，除非曲線能夠配合你的公司、產品、或是專案的高低起跌，否則令觀眾有錯覺，就未免浪費你

的時間，主管也未必會滿意。市場上還有其他兩種，包括斜向上暗示公司發展蒸蒸日上的，或是斜下漸大，以偽立體模式表達時間的遠近。倒沒有太大的反對，只是以花的時間與效果的提升相比，CP 值並不是那麼的高。

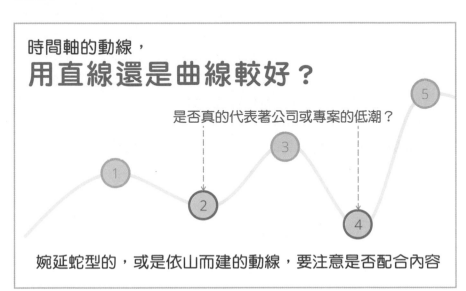

畫圖前先要了解時間軸的四層資訊

　　喝水、喝酒、喝咖啡都有品味師，要做好簡報，與其是左抄右抄，倒不如先了解甚麼為之好。時間軸有四層資訊，設計前要先分析這一次簡報哪個才最重要。有時候年份為先，特別是強調公司歷史悠久。有時候項目標題特別重要，因為今次簡報是要強調某個研究的突破。資訊的重要次序，可以影響這四種元素在投影片中的大小、配色、相對位置。

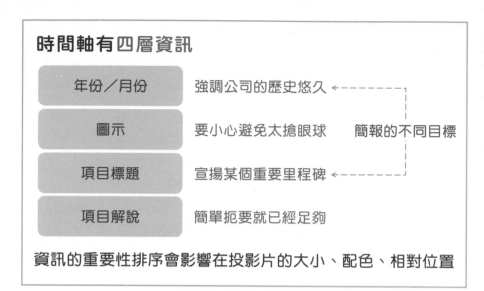

重點內容要作為軸、近軸，還是偏軸？

以下的例子就先以年份作為重點，為免設計排版麻煩，你可以先把重點放在時間軸中心，或是偏近時間軸的位置。軸心為觀眾眼睛一定不會錯過的地方，先放好四元素之一，剩下來的設計也可以比較簡潔。

或許你會說，硬要把年份放於離開軸心較遠的地方，為什麼不可以？這是要考慮在同一項目中，觀眾的眼睛要上下移動的距離。偏軸太多會令上下距離增大，如果你要說明的項目偏多，左右往來而且上下移動，自然會加重了對眼睛的負擔。

年份為軸及近軸的不同設計

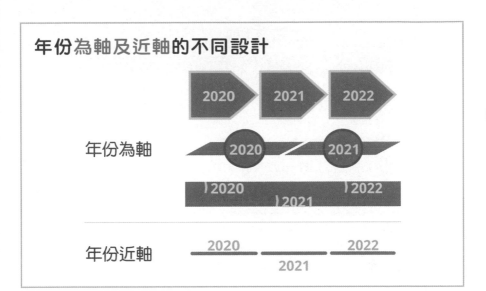

年份愈偏軸就愈加重眼睛負擔

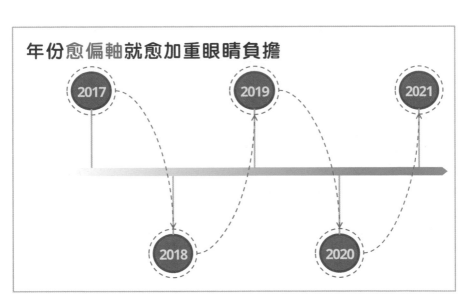

比複製貼上更快，快速複製大量形狀

① 選擇一個或多個形狀

② 按下Ctrl+D(D for Duplicate)

③ 形狀便會被複製

④ 把新形狀拖拉一段距離，再按下Ctrl+D

⑤ 第三個形狀便會被複製至同樣的距離外

垂直方向的內容發展與壓縮技巧

　　把年份設定好，剩下的內容應該怎麼放比較好？視乎內容的多少，你可以考慮垂直方向的發展設計。垂向發展可以令每個項目自成一國，分別一目瞭然。要是內容比較多，或是上下的空間不足，有些人喜歡使用垂直壓縮的處理手法：

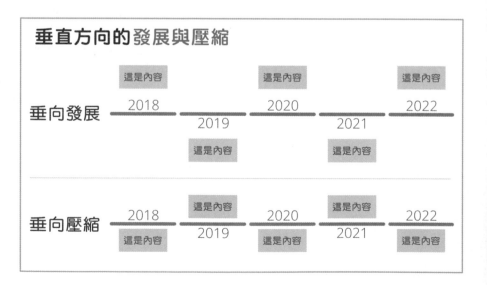

要是你採用了垂直壓縮的設計，便要小心文字元素之間的距離，避免因為接近性原則 proximity effect 而令觀眾錯誤地以為屬於兩個項目的內容為同一個。就如下圖所示，有兩點需要注意；把內容從軸心拉遠，可以縱向與其他項目的年份拉開，避免誤讀；或是把內容收窄一點，也可以令觀眾不會把元素看成一體。

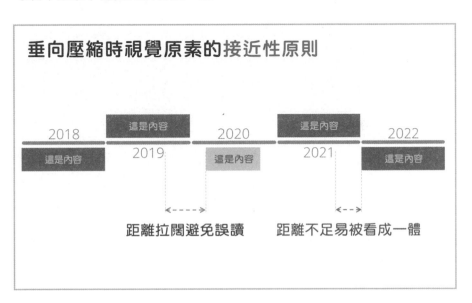

時間軸年份月份進度的設計技巧

當然除了上下錯開的擺法外，另一種保守一點的方法就是把年份通通放在同一邊，或是下圖這種單向設計延伸而出的卡片式設計，暗示了時間軸的存在同時，亦透過形狀包圍內容，增加易讀度，也不失為一個新鮮的設計。

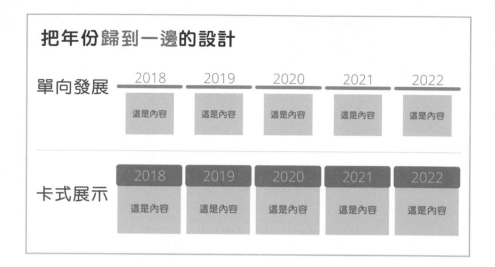

設計時間軸的時候，你也要考慮各個項目的年月份，要表達的內容是以均分為主（五個項目未必都是每隔一個月，但是月份距離不是重點），或是需要堅持以實際時間排開（專案經理的進度報告，或是以愈來愈密的項目暗示研發進度的加快），後者的設計就可以再借上下錯開來以一個低調的方式作出分野：

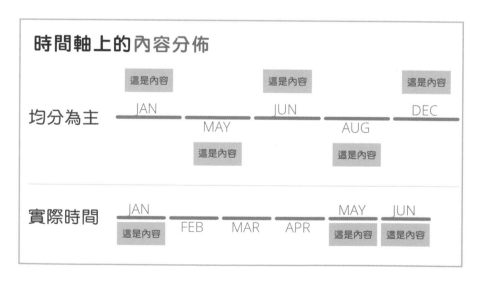

別讓好看的時間軸模板設計，反而害了內容

　　市場有很多俯拾皆是的時間軸例子或是模板，或許看上去很酷炫，但是應用前要先去看看有沒有雷區，以免賺不了反虧本，一起看看以下兩個例子。

　　觀眾視線多數從左至右，所以內容的標桿或是圖示，出現在年份的左邊，由左面開始望過去會比較自然舒服。在右邊並不是錯，只是會有一種視線往右途中突然要煞停的感覺。有些簡報例子為了設計感，採用了混合的設計，上半圖的標桿圖示是在年份的左邊，下半圖則是右邊，這樣的不一致，反而會適得其反，令人看得不舒服。

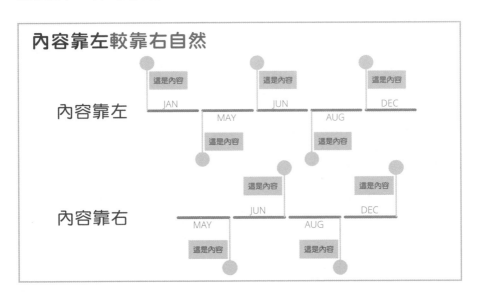

　　另外，內容隨意的擺放，會令人有機會誤以為是有目的，或是代表了部門業務的上下變化，這就是對齊的重要性。或是模板或是網上例子把年份扭成九十度擺放，如果你是在做資訊圖或是海報的也許還好，但要求一眼易懂的簡報來說，就別把東西都複雜化吧！

切勿將設計看重於表達

真的有所區別，還是純粹的點綴？

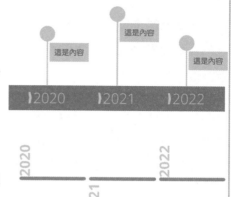

文字的轉向具設計感，但忽略觀眾

上班族學習總結

---

1. 若使用曲線作時間軸，要留意高低起低是否配合公司或專案

2. 就藉簡報的內容，選擇時間軸設計要強調的資訊

3. 如果年份為最重要資訊，年份為軸或近軸都較偏軸看得舒服

4. 注意視覺元素之間的距離以免觀眾誤讀

5. 易讀性比設計感更重要

PART 3

設計簡報內容
聚焦重點

你最需要的技巧與不可踩的地雷

3-1 規劃簡報的時候，是否一定要用便利貼輔助才可以？

便利貼的限制與應用技巧

近十年掀起來的簡報新浪潮中，相對於以往單純地注重設計，簡報的事前規劃終於被重視起來。而在中外各種書籍、網站當中，最經常提及的技巧，莫過於利用便利貼輔助計劃簡報。不用擔心，這不是又一篇影印「簡報要用便利貼發想」的文章，我們一起來看看「為何」、「如何」，還有更重要的，是在辦公室用不上便利貼的時候，可以有哪些代替品，幫助上班族們做好簡報的規劃。

什麼時候適合利用便利貼構思簡報？

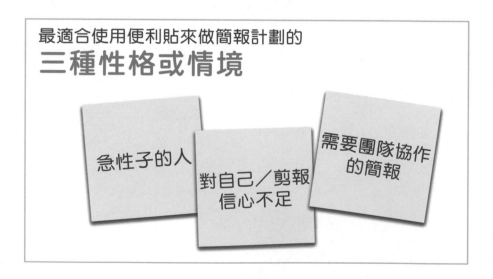

最適合使用便利貼來做簡報計劃的
三種性格或情境

急性子的人

對自己／剪報
信心不足

需要團隊協作
的簡報

使用便利貼，就是為了幫助急性子的人在規劃內容的時候，遠離簡報軟體和瀏覽器的誘惑，將投影片設計這一步先從思緒中剝離，讓焦點先投放在建構內容上。

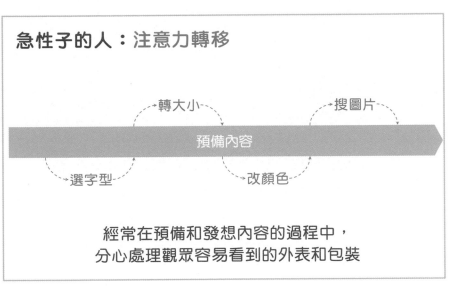

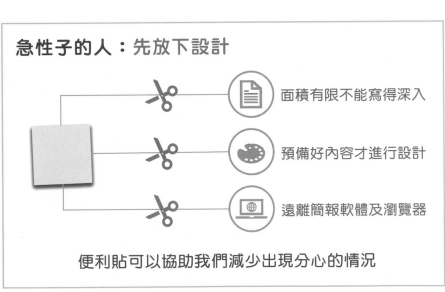

信心不足時：陷惡性循環

「這個論點適合嗎？」

「這樣表達正確嗎？」

「這個部分好像不夠論點耶⋯」

「這兩個論點是否要對調呢？」

「這個角度太普遍了吧？」

每想到新的論點，便再墮入自我懷疑與否定的循環

使用便利貼，幫助信心不足的人，抗衡自我懷疑和修正的機制。想到一個念頭就寫下一個念頭，然後立刻把它貼在牆上，再繼續寫下一張；不用擔心用得多便利貼會帶來成本問題，而且在牆上快速出現大量便利貼，會對信心不足的上班族帶來很大的鼓舞。

使用便利貼，在以量取勝的發想步驟以後，團隊便可以順著每張的內容進行分析，未必相關先放在一旁（後期討論或會修正方向而令它們變得相關），重覆的論點先行棄置。

信心不足時：先放下疑惑

寫一張，貼一張

✓ 以量取勝

✗ 停止擔憂

透過快速數量增長，快速建立信心

進行了第一波的評估和清理，接著便是以內容進行分類，把相關的便利貼聚集在一起；分類過後就會是縱向橫向的結構設定，縱向是在一個分類中，各個論點形成的結構和順序，例如甚麼是論點、甚麼是論據；橫向則是各分類之間的關係和次序，例如先談市場現有產品的痛點，再談新產品如何作出改善等。

完成了分類，我們就來到了平衡的環節。為什麼要每張便利貼只寫一個論點，除了是預防規劃內容的時候進入了太深層的胡同、增加便利貼的數量來 加強自信心、以及方便在眾論點之中進行分類以外，就是當我們往後一步再看便利貼，從視覺上可以評估出大概內容的分佈，哪一個部分的論點佔多。 我們不是要追求完美的平衡，而是在這一步了解團隊是否太專注於發想某一 部分的內容，而影響了簡報整體的觀感，例如是「what-is」部分過多， 「to-be」部分太少，或是提案的部分對預算的影響內容不足等。

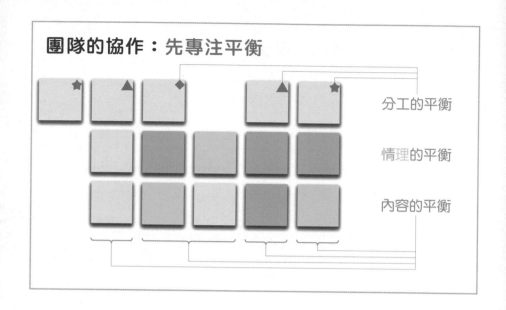

團隊的協作：先專注平衡

分工的平衡

情理的平衡

內容的平衡

內容的份量做好了平衡，但很多時候我們也會忘記了內容性質的平衡。上班族可以考慮利用便利貼的顏色來區分，例如動之以情的用上粉紅色，說之以理的就上淺藍色，中立的論點就是黃色，就正如上文一樣，往後一步看，視覺上了解一下，簡報是否太側重於熱血表達，或是過多地強調客觀數據？動之以情的是否要安排一些滿屏圖片或是說故事的環節？說之以理的是否要加入數據圖表，甚至是簡報後發放講義和報告？

參與的平衡亦如是，利用便利貼的顏色（或是一些小貼紙），團隊也可以從視覺上客觀地了解到各人分工的分佈，而不是主觀地覺得誰做得多、或是自己的鎂光燈不足夠，而且你也會希望善用各人的背景和專長分派簡報內容的準備工作。

便利貼的限制

便利貼的限制

把理論帶回辦公室去應用，我們有兩點作考慮：

時間性

- 一開始了離開會議室前大概就要完成
- 撕下來明天再續，途中亦有機會遺失
- 以A3紙作為畫版，通勤時也可能弄丟

注目性

- 傳統產業或是辦公室文化未必能接受
- 良好動機要做好簡報但難免引來注目
- 守舊同事或對手把你扣上假掰之印象

便利貼的代替，更適合某些情境

　　白板：要是在辦公室裡要規劃簡報，哪怕是在外商工作，我多數選擇用會議室的白板，相比使用便利貼低調一點。白板的文字易修改，要自我規律不要寫太長，用上不同顏色的白板筆就可以發揮到便利貼不同顏色的用途，自己一個或是與同事一起規劃也不用擔心被當成假掰。除非公司用的是智能白板，否則傳統白板也解決不了便利貼的時間性問題，不過從整體來看，白板是便利貼很足用的代替品。

　　白紙：有一些公司在辦公室沒有白板，或是公司內的氛圍更為保守，我會選擇用上鉛筆在白紙書寫，鉛筆算是易修改，用上白紙可以在自己位置低調地做簡報規劃，相比起便利貼和白板，因為畫板的面積變

細，規劃的效能難免會降低，但時間性方面總算不錯，我在辦公室規劃到一半，回家或是翌日繼續都沒有問題。

各種線上協作工具：在疫情下，上班族多了在家工作，很多線上會議工具也有提供電子白板、電子便利貼、同時協作等功能，需要團隊一起做簡報規劃的時候，這些工具便成為了實體便利貼的良好代替品，存檔的功能也可以針對時間性問題作出改善。然而，最後也要看你如何去說服團隊，一起用便利貼 / 白板的形式去規劃簡報了。

試算表軟體：有些公司因為資安疑慮，把很多線上工具，或是它們所屬的網站，都從內聯網中擋掉了。要是團隊能夠接受便利貼形式的簡報規劃，要做遠距規劃時，最後的選擇可以是公司內的試算表軟體。新一代的試算表多數已經支援線上協作的功能，雖然看上去這樣的用法有點奇怪，但是試算表軟體有幾項功能其實能夠幫助到簡報的規劃：畫面的縮放、文字的搜索、欄位的排序、寬廣足用的畫板、格式化條件（conditional formatting）更可以利用人名或關鍵詞來自動更新方格的顏色，需要平衡內容或分工的時候十分方便。

如何利用便利貼規劃簡報

簡報規劃，就如同其他職場技巧一樣，不能夠墨守成規。就著文初提及的三種性格和情境，採用便利貼是好的方法，但上班族更重要的是理解簡報規劃時的誤區，採用便利貼能解決甚麼問題，到萬一出現未能應用便利貼的情況，便能夠靈活地找到代替品去應對。不要死抱著一個方法、一個方式，才是辦公室的生存之道。

利用便利貼規劃簡報

發想要點	評估/清理	進行分類	橫向結構	縱向結構	內容平衡	情理/分工

上班族實習時間

目標
試用各種網上白板工具
了解其協作功能，預備在職場使用
推薦試用以下兩種：

實習
Google Jamboard
(https://jamboard.google.com)*
- 已與Google Meet 整合，功能易上手

Miro (https://miro.com)
- 畫布面積無上限，進階功能更多

*有些企業網絡未必能使用Google服務

3-2 沒有受過設計訓練,是否也可以做出好看的投影片?

除非你是設計業,否則「上班族」和「平面設計」好像是兩個風馬牛不相及的名詞。簡報設計背後固然也牽涉到平面設計的理論,但沒有相關設計背景和訓練的上班族,是否就不能把投影片設計好呢?或是其實有一些設計上的小撇步?好的投影片設計從來不是少數人的專利,就讓工科出身的我,和大家探討一下如何把設計理念帶進實戰吧!

跟簡報設計息息相關的
四個設計原則

| Proximity | Enclosure | Figure/ Ground | Negative Space |
| 接近性 | 圍繞性 | 主體/背景 | 留白 |

在東西方各種設計理念中,我們來看其中跟簡報設計息息相關的四個原則:接近性(proximity)、圍繞性(enclosure)、主體/背景(figure/

ground）和留白（negative space）。你可能也有看過不少簡報文章或是書籍談及，但可能展示了上圖便完結，留下「然後呢？」的疑問，所以要把理論帶入實戰，接下來上班族們一起看下去吧！

當然簡報還有其他設計技巧也重要，只是較簡單直接，在這裡不再詳述。

用「接近性原則」設計簡報

接近性原則的意思是，距離相近的元素，會被視覺感知成帶有關連的一部分。

我們來看看以下的例子。左右兩邊對比看看，你覺得哪邊可讀性更高？

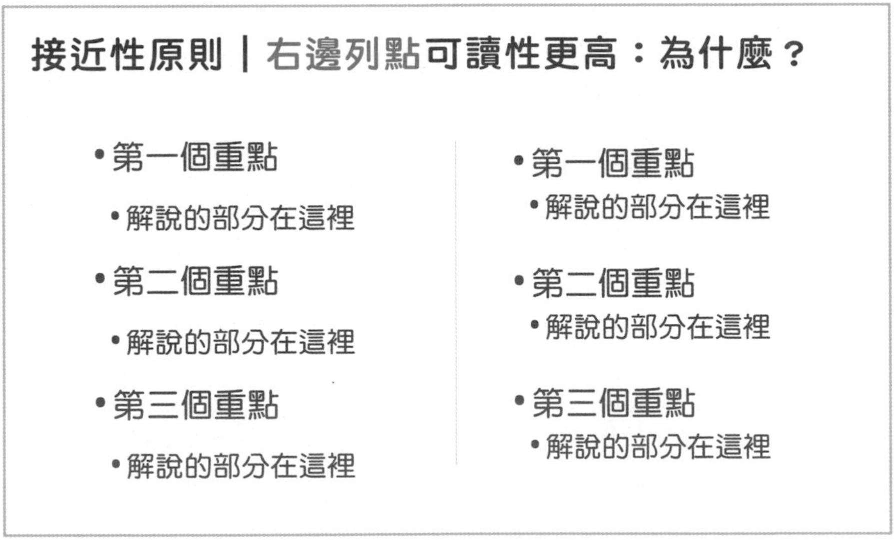

接近性原則｜右邊列點可讀性更高：為什麼？

- 第一個重點
  - 解說的部分在這裡
- 第二個重點
  - 解說的部分在這裡
- 第三個重點
  - 解說的部分在這裡

- 第一個重點
  - 解說的部分在這裡
- 第二個重點
  - 解說的部分在這裡
- 第三個重點
  - 解說的部分在這裡

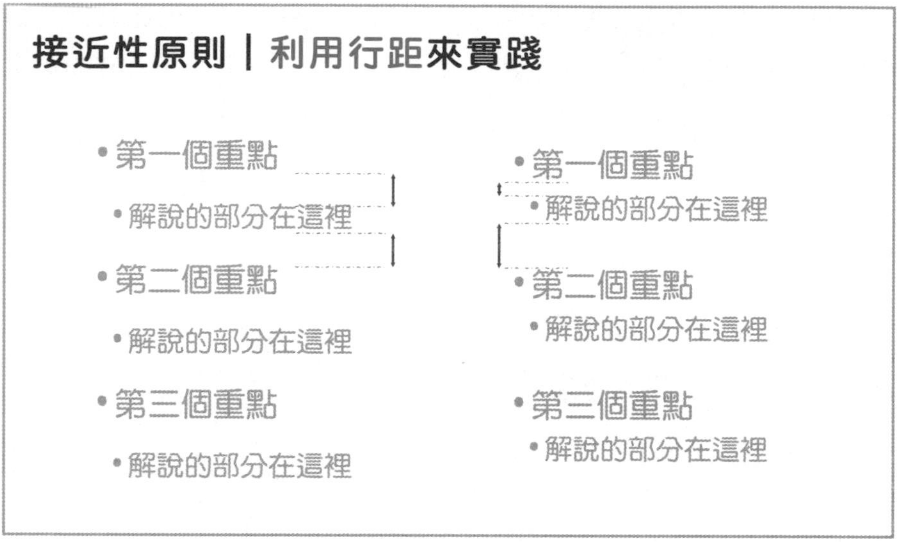

接近性原則｜利用行距來實踐

- 第一個重點

    - 解說的部分在這裡

- 第二個重點

    - 解說的部分在這裡

- 第三個重點

    - 解說的部分在這裡

- 第一個重點
    - 解說的部分在這裡

- 第二個重點
    - 解說的部分在這裡

- 第三個重點
    - 解說的部分在這裡

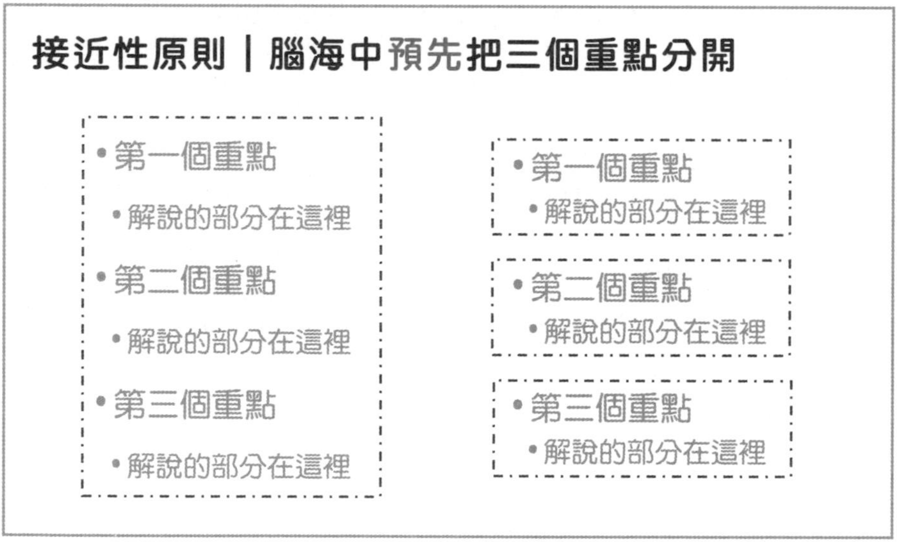

接近性原則｜腦海中預先把三個重點分開

- 第一個重點

    - 解說的部分在這裡

- 第二個重點

    - 解說的部分在這裡

- 第三個重點

    - 解說的部分在這裡

- 第一個重點
    - 解說的部分在這裡

- 第二個重點
    - 解說的部分在這裡

- 第三個重點
    - 解說的部分在這裡

這幾年的簡報設計流行使用圖示（icons），然而與純文字一樣，圖示的擺放也可以參考接近性原則。下圖是一個簡單例子，在圖示下方多數會有一個名稱或是名詞，所以要留意圖示之間的距離，以及圖示及下方名稱的距離。縮減圖示與名稱的距離，就如虛線所示，可以更有助在視覺上快速又無形地建立他們的關係。

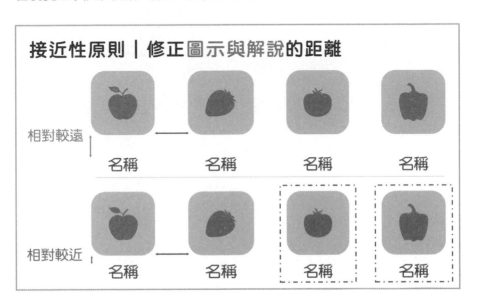

上班族的簡報除了文字和圖示以外，很多情況下也要展示複雜的結構，例如是人事組織圖、系統流程圖或是晶片設計圖等，需要有妥善的方法去指示出各部分的名稱和解說。簡報軟體預設了很多形狀，我們有時候會想要畫一大堆形狀來區隔內容，但善用接近性原則，其實可以少用形狀，更簡潔易讀。

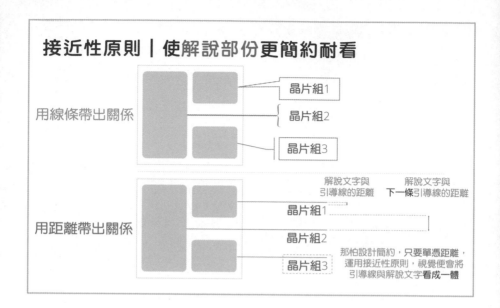

接近性原則｜使解說部份更簡約耐看

用線條帶出關係

晶片組1
晶片組2
晶片組3

用距離帶出關係

解說文字與引導線的距離　　解說文字與下一條引導線的距離

晶片組1
晶片組2
晶片組3

那怕設計簡約，只要單憑距離，運用接近性原則，視覺便會將引導線與解說文字看成一體

用「圍繞性原則」設計簡報

圍繞性原則的意思，就是被圍繞起的視覺元素，例如是利用框線或是色塊，會被視覺感知成為關連的一部分。

色塊是簡報設計其中一個最常用的視覺元素，透過圍繞性原則，無論是自行創作或是簡報模板，以色塊切割畫面的例子比比皆是，設計上不用特別指明，單憑色塊便可以在腦海中明白畫面是分開成兩個或以上的部分。

把畫面平均地分隔開後，幾個色塊之間可以選擇以一個色階作為配色，增加層次感之餘，又可以把目光先帶往最左邊的色塊，讓觀眾的視線與你的解說一致地在投影片上移動。

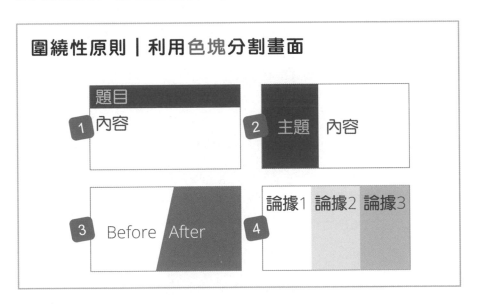

採用大面積的色塊可以協助分割畫面，而小面積的色塊，則可以幫助我們平衡內容。假設你要為四級疫情對應作一個簡報介紹，由於第

一、二級的條件相對比較短，看上去有機會造成左輕右重的感覺。用上小面積的色塊，把四個級別的條件都各自包圍著，一方面加強了級別與條件之間的關係（接近性原則再加上圍繞性原則），另一方面雖然不能完全消除左輕右重的感覺，但是也加強了四個級別之間的視覺平衡。

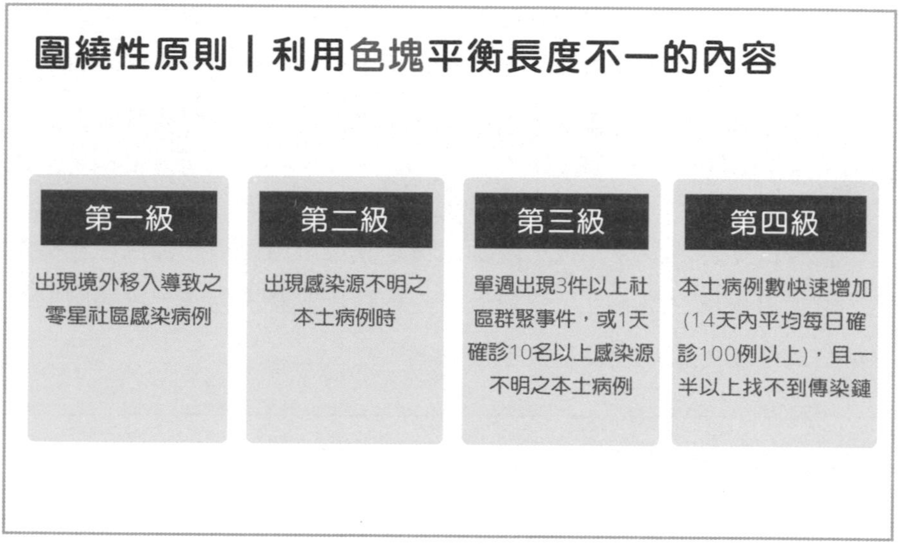

圍繞性原則｜利用色塊平衡長度不一的內容

第一級	第二級	第三級	第四級
出現境外移入導致之零星社區感染病例	出現感染源不明之本土病例時	單週出現3件以上社區群聚事件，或1天確診10名以上感染源不明之本土病例	本土病例數快速增加（14天內平均每日確診100例以上），且一半以上找不到傳染鏈

　　文字固然有長有短，圖像也自然有大有小。上文提及了圖示（icons）適用的接近性原則技巧，在圍繞性原則的領域，色塊也可以協助平衡不同大小的圖示。假設你是在準備一份有關在家工作趨勢的簡報，電話、筆電與電腦的圖像比例、大小均不同，以色塊襯底製作成圖示，則可以減輕它們之間的距離，提升了圖示的一致性。

上班族學習總結

1 四種與簡報設計息息相關的設計原則：
接近性、圍繞性、主體／背景，以及留白

2 利用調整視覺元素之間的距離實踐接近性原則

3 利用色塊實踐圍繞性原則，並為畫面帶來平衡

用「主體／背景原則」設計簡報

　　無論你是喜歡使用智能手機的人像模式，或是傳統相機的大光圈鏡頭，淺景深的相片，因為可以突出主體和模糊背景而廣受歡迎。

　　格式塔學派的主體／背景（figure/ ground）設計原則，就是視覺接觸到新畫面的時候，會企圖立刻在畫面中分辨哪一個部分是主體，哪一個部分是背景。固名思義，愈是容易從背景之中分辨出主體，愈是容易把目光和專注都先放在主體的身上，不用費神費力去理解和分析畫面。

　　主體與背景之間的容易分辨度，意即主體與背景極容易被分別開來，好的簡報設計也應該達至這一要求，加強主體所受到的注目；如果沒有運用好「主體／背景原則」，會遇到什麼問題呢？讓我們接續上文有關色塊的用途，很多企業的內部模板也喜歡利用色塊來分割出頂部和底部的畫面，分別作為標題與及頁數／公司名稱或標誌之用。在投影片中間的內容部分，很多上班族也喜歡用上好幾個色塊，像是下圖這樣。

標題

要點1
- 內容部分在這裡
- 內容部分在這裡

要點2
- 內容部分在這裡

公司名稱

這樣做沒有絕對的對錯，只是考慮到「主體／背景原則」，投影片上、中、下都運用了色塊，縱然顏色有分別，但搶眼度是一致的。

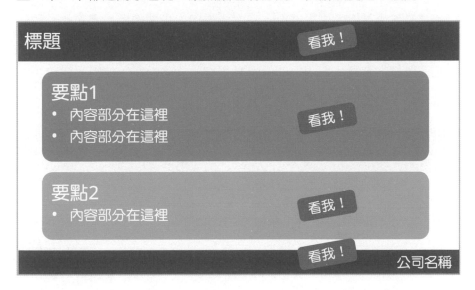

然而現實終歸現實，上班族有時未必自己可以選擇，老闆就是喜歡用大量色塊，這時我們可以借助主體／背景原則去應對這個問題。

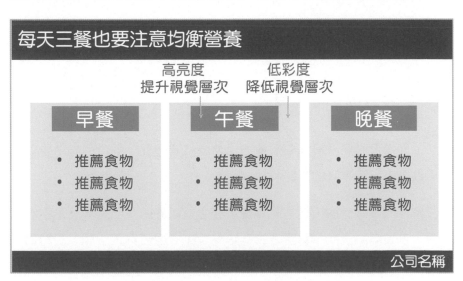

當簡報要開始介紹其中的部份，例如午餐的時候，我們可以再進一步，先把左右兩邊早餐和晚餐的色塊都調整成灰階，把注目度拉低。相比起沒有作出改變的中央部份，左右兩邊與中央部份的差距，便會同時因為以上的調整而擴大。按照主體／背景原則，視覺感知就可以輕易把左右兩邊視為背景，把中央部份視為主體，成功把觀眾的目光都集中在你正在論述的午餐部分身上。

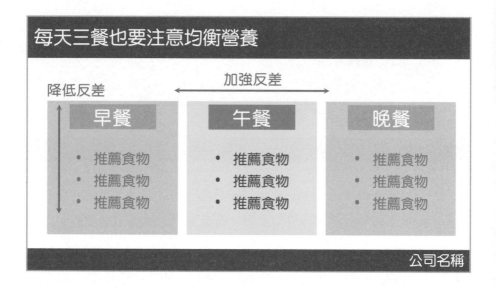

用「留白原則」設計簡報

上面提及到同一畫面中過多的色塊會造成侷促，解決的方法可以選擇留白，來留下呼吸的空間。

留白的設計原則，就是同時留意著主體以外的空間。無論是中國水墨畫、日式簡約設計，到西方的負空間理論（主體為正空間，主體以外

為負空間），都有著相近的意念。留白可以為畫面帶來層次、將視線引導至主體身上、並令觀眾欣賞時帶來節奏及呼吸的空間。

需要留意的是，留白不一定是一大片白色，也不一定是完全地空無一物，虛化的背景也可以是留白的一種表現。在背景以外，視覺元素之間的距離，例如是上文曾經提及過的行距，或是圖示之間的距離，也是留白處理中要考慮的地方，如以上所説，設計原則之間互有關係，又可以互相配合，也就是這個原因。

在下圖我們嘗試把投影片中央的色塊都給撤去，接近性原則仍然可以幫助我們分開早午晚餐的三個模塊，沒有了色塊，畫面上的衝擊力減少了，看上去的視覺負擔也減輕了。

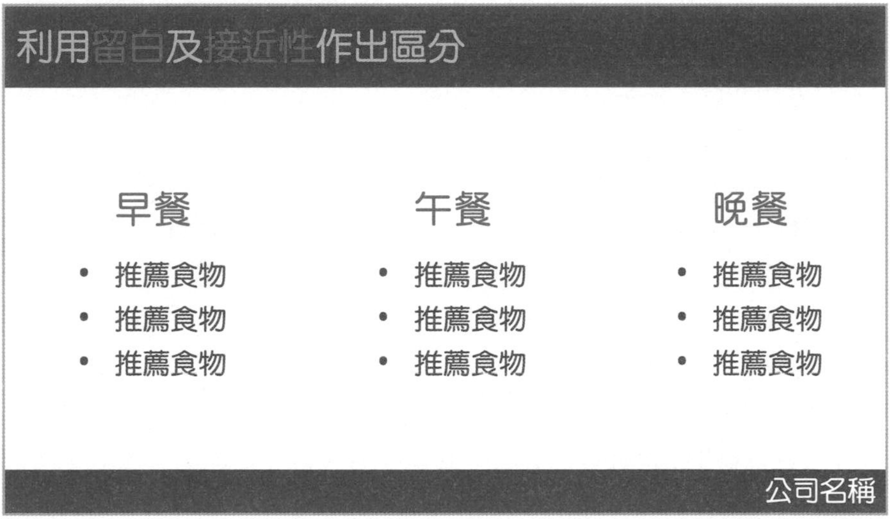

利用留白及接近性作出區分		
早餐	**午餐**	**晚餐**
• 推薦食物	• 推薦食物	• 推薦食物
• 推薦食物	• 推薦食物	• 推薦食物
• 推薦食物	• 推薦食物	• 推薦食物
		公司名稱

接下來我們分析一下視覺元素之間的距離。建議食物的行距（A）比與早餐的距離（B）短，所以視覺感知會理解到三項建議食物是一伙的；（B）比起兩組建議食物之間的距離（C）短得多，有效地垂直把畫面分開了三部份。

投影片內容與投影片底部（D）及邊緣（E）的距離也要足夠，應用到留白的設計原則，雖然沒有了色塊，但是在留白的映襯下，我們的視線也會輕易落在於一日三餐身上。

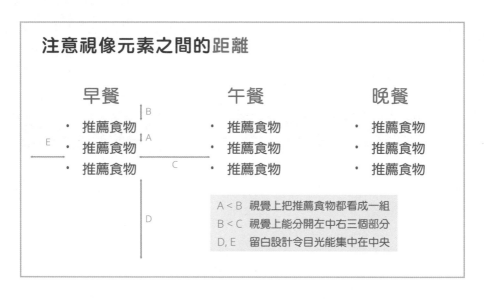

或許你會在想，沒有了色塊，那怎麼突顯出重點，或是簡報途中正在談及的一餐呢？配合留白處理，其實只要一些簡單線條，已經可以低調又很典雅地標誌出重點，不一定是要透過搶眼球的顏色。把兩旁的文字設定成灰色也是應用了主體／背景的原則，進一步把午餐突顯出來。

利用線條也可以突出重點

利用線條或色塊也可以突出重點

除了點列式的內容，句子形式的內容也是適合利用距離來製造留白空間。

句子型式的資訊也可適用

早餐

推薦食物的清單和
營養成分，可以從
中選擇在週中變化

午餐

推薦食物的清單和
營養成分，可以從
中選擇在週中變化

晚餐

推薦食物的清單和
營養成分，可以從
中選擇在週中變化

設計是一種主觀的角度，你或許會覺得色塊太擠擁，留白太單調，那麼我們來一點線條著墨一下，也是無妨的做法。

利用分隔線作出區分

早餐	午餐	晚餐
* 推薦食物	**推薦食物**	* 推薦食物
* 推薦食物	**推薦食物**	* 推薦食物
* 推薦食物	**推薦食物**	* 推薦食物

早餐	午餐	晚餐
推薦食物的清單和營養成分，可以從中選擇在週中變化	**推薦食物的清單和營養成分，可以從中選擇在週中變化**	推薦食物的清單和營養成分，可以從中選擇在週中變化

在兩組距離(C)太短的時候，空間未必
足夠帶來分隔的效果，採用線條來補足

　　主體／背景設計原則中，陰影也可以用來協助劃分投影片的內容。雖然只是右下方的陰影，但是視覺上我們會自動判斷出是一個正方形，這就是格式塔理論中的閉合性（closure）的應用。

利用陰影作出區分

利用圍繞性原則，在中央一組劃上
一個正方形，就可以加強突顯的效果

上班族學習總結

1 主體／背景的三種辨別率可以用作評定簡報的設計

2 利用色彩的亮度和彩度來營造視覺的層次

3 利用留白、距離、線條、色塊甚至陰影的各種方法，
　　都可以導引觀眾看投影片內容的先後次序

3-3 在會議室和演講廳做簡報，用同一套投影片可以嗎？

這幾年出版的簡報書籍，或是舉辦的簡報課程，通通都喜歡高舉「觀眾為王」，在內容以外，從簡報設計角度，你會為特定的觀眾和場地調整投影片設計嗎？壞設計而悶慌了觀眾，再好的內容又如何傳遞呢？

我發現很多上班族，把內容都預備好了，但設計上未曾考慮到場地對觀眾的影響。

我們與觀眾的距離

隨著場地增大相同的投影片只會顯得愈來愈小

小型會議室的視角

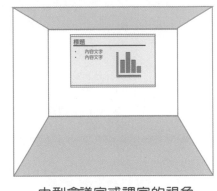

中型會議室或課室的視角

隨著場地增大相同的投影片只會顯得愈來愈小

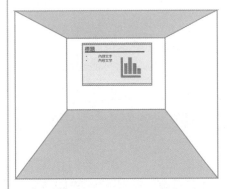

長而窄的 Board Room 的視角

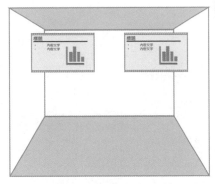

舊式演講廳的視角

發現了投影片不成比例地縮小了嗎？投影片上的文字，在自己的電腦上看還可以，但在學生或是觀眾眼中，很容易變成小得可憐。

亦即是說，不要盡信甚麼投影片內文要幾大、標題要幾大的說法。先要考慮簡報場地，觀眾看的角度和距離，調整到至少他們能清楚看見的大小。

我們與光暗的距離

簡報的時候，有些人喜歡開了燈，有些人喜歡關了燈，有些人喜歡半暗。

要是部門、公司或客戶，喜歡在簡報時關燈，那麼投影片的背景，暗一點可以減輕眼睛的疲勞。但有些主管會覺得深色是不好運的事情，這時候又是發揮上班族小心機的機會了，把全白背景的投影片換成淺淺的灰，不用調整文字顏色之下，一方面減低一點背景的刺激，也留下足夠的對比。

同時也要小心，不同投影片頁數之間，不要在全亮或全暗的背景中轉來轉去，要顧及觀眾眼睛的適應。

我們與主角的距離 ⎯⎯⎯⎯⎯⎯⎯⎯⎯⎯⎯⎯○

有時候你會代表公司去拜訪客戶、示範或推介產品，金融或科技業多數會有很光鮮亮麗的 board room。主角們，例如行長、C-level、部門主管等，都會選擇坐在中後方，視線可以觸及所有人，也顯示自己的地位。

然而在 board room 內的電視螢幕或投影機，多數也不算大，討論一些複雜的商業流程，或是數據分析的時候，不可能如前所述，把文字都放大成主角能夠看得清楚的大小。主角們也不會像 working level 一樣，離開自己的坐位，和你一起站在電視螢幕前討論細節。

這些時候就要 think outside the box。把商業流程表或是複雜的計算，用 A3 紙先印好，分發給眾主角們，他們自己看也好，三五人圍著作內部討論也好，也有充足的大小。

為什麼 A4 不可以？紙張愈大，主角也看得愈舒服，也可以放在離自己遠一點的位置閱讀。他們把眼光放遠一點，就愈容易來回於你的身上。要是低頭才看得清楚，誰還會再抬頭看你呢？

基於場地和螢幕的限制難以看清楚複雜的圖表和計算

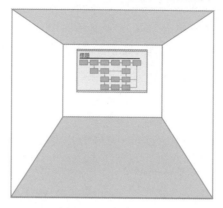

長而窄的Board Room的視角

把流程圖或複雜計算放進A3紙上

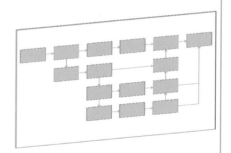

投影片只標示出討論重點　　流程圖字眼更大更清晰

我們與設備的距離 ────────────────○

簡報中最常用的設備，就是投影機和電視螢幕。

場地使用投影機，與你在電腦上準備的時候相比，色彩多數較淡，對比多數較低。簡報投影片的顏色因此就可能要深一點，文字與背景的對比要強一點，來作出相對的彌補。

投射在銀幕上會降低對比

如果投影片本身設計對比不足，觀眾有機會看得不清楚

上班族實戰技巧

用三分鐘免費從任何簡報中製作出高對比度版本

1 把簡報匯出成PDF檔案

2 以Adobe Acrobat Reader開啟

3 選擇Preferences以下的Accessibility功能

4 選取Replace Document Colors

5 在Custom Colors選擇你喜歡的文字及背景顏色

與投影機相反，電視螢幕多數是高亮度、高飽和度，那，又有甚麼問題？我們看看陳時中部長獲讚無數的精準防疫一百天簡報，原圖的外框是較淡較暗的藍色。

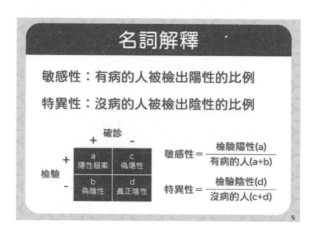

到運用電視螢幕作簡報的時候，外框的藍色變得高亮，甚至有一點搶奪眼球了。這裡的外框不應該搶去內文的風采，所以應要為更深或更暗的顏色，甚至撤去也未嘗不可。

有一些科技展覽，會用四個電視螢幕，透過「田」字型的合併成為更大的螢幕。這對觀眾來說，愈大當然是愈好。

　　但是做簡報設計的你如果沒有查問過，而慣性地把所有東西都置中。重點和文字通通都卡在兩個或四個螢幕之間的邊框了啊！

小心由螢幕組成的幕牆

這是我們團隊的最新發現

要是能預先知道場地如此，就可以提早避免把內容置中

　　簡報場地、光暗、器材，都會影響設計上的大小、色彩、亮暗。想自己努力準備的內容能傳遞得最好，記得多問一句：「場地在哪？」

上班族學習總結

1. 簡報的場地會影響觀眾的視角，投影片文字大小要考慮這點
2. 如果觀眾喜歡在簡報時關燈或調暗，投影片背景可考慮深色
3. 不要連續幾張投影片在深色和淺色背景之間轉換
4. 在長型或大型房間作簡報，觀眾未必看得清楚複雜內容
5. 銀幕會令投影片對比降低，必要時可能要預備高反差版本
6. 相反電視螢幕帶來高亮度，可能使某些內容意外地搶眼球
7. 簡報規劃前最好先了降場地及其特性

3-4 在大量文字中標示關鍵詞，有哪幾種方式？？

工作遇上喋喋不休的同事，你可能曾經忍不住冒出一句：「說到重點了沒有？」。簡報設計中，如果內文比較多，又因為場合需要，或是老闆要求下不能再簡化，要在同事間突圍而出，你會願意花兩分鐘，設計個人化的螢光筆突顯效果嗎？相反，人人都會的粗體、斜體、下劃線，甚麼情景下該用甚麼的方法？

常見標示關鍵字作法的優缺點

除了粗體斜線底線紅字，還可以怎麼樣去
突出文字內容？

粗體　　　斜體　　　底線　　　紅字

✓ 觀眾的目光在未進入或閱讀內文以前，**先發現重點**的存在

✗ 有些字體在設定粗體前後的分別未必足夠作分野

斜體看上去不夠自然

 粗體　　 斜體　　 底線　　 紅字

✓　作為一種**減輕注意**的方法，例如
　　圖表的註腳或是資料來源還可以

✗　中文字在設定為*斜體*以後其實不太美觀
　　（個人觀感）

✗　突顯度相對於粗體更低，可能到細讀的
　　時候，而非舉目所見，才發現它的存在

底線容易與文字重疊

 粗體　　 斜體　　 底線　　紅字

英文字只有z,E,L,Z字型以橫線收尾

中文字相反出現機率更多，例如：
「重點」、「亞洲」、「台北」

✗　有些中文字型的底線會
　　黏著字型的最底部

✗　容易被誤會為表達網站
　　連結(hyperlink)

紅字反降低可讀性

   紅字

我一直也想不通這種做法的源頭在
那裡，而總是很多人喜歡這樣做　　　?

紅色的文字雖然會帶來警示的效果，
但同一時間也會令觀眾**覺得刺眼**　　✗

強烈，惜缺乏優雅　　✗

善用螢光筆效果

說了這麼久，那螢光筆效果好用嗎？

Powerpoint 裡的設定很簡單，只要按 highlight 鍵就好；Keynote
則要到 Advanced Options 再選擇 Text Background。

如果你覺得螢光筆效果太強烈，可以參考以下兩種比較，上班族
也許會使用中文或英文做簡報，加上上文也提及了中英文文字各自的特
性，所以也安排好雙語的例子。

不同的螢光筆效果

軟體功能	This is your content which contains a lot of words. Way too many that you would like to highlight what parts are actually important to the audience. How to do it in a nice, subtle way?
自訂效果	This is your content which contains a lot of words. Way too many that you would like to highlight what parts are actually important to the audience. How to do it in a nice, subtle way?

不同的螢光筆效果

軟體功能	文字內容有點兒多的時候，觀眾或許會感到眼花繚亂，要突顯出重要的語句或部分，有甚麼好的方法，能夠低調又合宜地圈畫出重點呢？
自訂效果	文字內容有點兒多的時候，觀眾或許會感到眼花繚亂，要突顯出重要的語句或部分，有甚麼好的方法，能夠低調又合宜地圈畫出重點呢？

　　相比起 Powerpoint 和 Keynote 自帶的螢光筆功能，下半圖的螢光筆只覆蓋文字高度約三分之一，刺眼度降低但仍然有突顯的效果。螢光筆的後半部有點淡出的效果，模擬在真實螢光筆上，輸出不平均的情況，收尾有一點青濁色，就好像螢光筆收筆時與紙張上的油墨混合在一起的感覺。要是把它列印出來，擬真的感覺會更強。

用兩分鐘自己動手做：簡報擬真螢光筆

漸變色填充

位置		50%		80%	92%	100%

透明度				60%		

遇到深色背景簡報如何突顯文字

　　就正如前文所述，沒有萬能的突顯方法，擬真螢光筆，因為設計上只覆蓋部分文字，遇上深色的投影片背景，效果便不太理想。那麼我們在深色背景又可以考慮一些甚麼突顯方法呢？

深色背景如何突顯文字

1. This is your content which contains a lot of words. Way too many that you would like to highlight what parts are actually important to the audience. How to do it in a nice, subtle way?

2. This is your content which contains a lot of words. Way too many that you would like to highlight what parts are actually important to the audience. How to do it in a nice, subtle way?

3. This is your content which contains a lot of words. Way too many that you would like to highlight what parts are **actually important** to the audience. How to do it in a nice, subtle way?

4. This is your content which contains a lot of words. Way too many that you would like to highlight what parts are ***actually important*** to the audience. How to do it in a nice, subtle way?

1. 軟體自帶的螢光筆，小提示是將螢光筆中的文字顏色，選成背景的顏色，看上去會較自然；留意在 Keynote 中，文字行距增加的時候，螢光筆會跟著增加厚度（由 top of the line 至 top of next line），行距大的設計便要小心；

2. 使用反差色（例如橙與藍）作為突顯文字的顏色，吸引眼球的目光時也帶一點專業的效果；

3. 這就是文初指出粗體反差不足的例子。

4. 增強對比的方法，是運用字重 (font weight)，把文字的字重減輕（例如 light），再增加突顯文字的字重（例如 black/ ultra-bold），要是怕字重太強烈，可以選擇配上斜體作舒緩的作用。

上班族學習總結

❶ 慣用的強調方法，如粗體、斜體、底線及紅字等，在中英文內容都有要注意的地方

❷ 簡報軟體中的螢光筆功能可能太強烈，但我們可以自行製作

❸ 深色投影片背景也會影響強調方法的選擇

3-5 反正只是定期匯報，
花時間對齊簡報有用嗎？

對齊可以發揮的簡報設計妙用

「反正只是用一次，為什麼要花時間對齊？」設計簡報時常出現這樣的反問句。

投影片上的視覺元素，文字、形狀、圖像，在平面上的相對位置，有人會很在意，也有人覺得順眼就好，差不多就可以。

這裡不會說一些苦口婆心的話語，像是簡單的東西最容易看出有沒有盡力，主管看在眼內之類……云云；沒有人喜歡被框在別人訂立的規則內，說一定要做這做那才可以（而且老實說不少主管對簡報設計的重要性也沒有要求或認知）。

大家都是上班族嘛，那就不如功利一點，看一看把東西對齊，對你和我有什麼實際益處吧！！

對齊，是為了突然不對齊的效果

那是逛書店得來的啟示，當你在一排排的書架上看著密密麻麻的書脊，突然有一本小說是封面向外的，留神一看書下面有一個小牌子寫上是本月推薦以及原因。退後一步看，原來書架上大約有四、五本小說是如此的擺法，更甚的是，目光就突然只對這些突出擺法的小說有興

趣，其他的書脊都成為了淡出的背景一樣。

把東西對齊也許會花一點小時間，但就為你造就了一個吸引觀眾眼球的武器：「突然的不對齊」。

就正如書架上的小說一般，不對齊的簡報元素，可以指引目光，突出投影片中你想帶出的重點。可以是位置上的不對齊，也可以是形狀長短高矮的稍微變化，色相明度的調整。你也可以想像成舞台中的其他人是一式一樣的穿搭，唯有 C 位是鮮明突出。

利用不對齊來突出重點

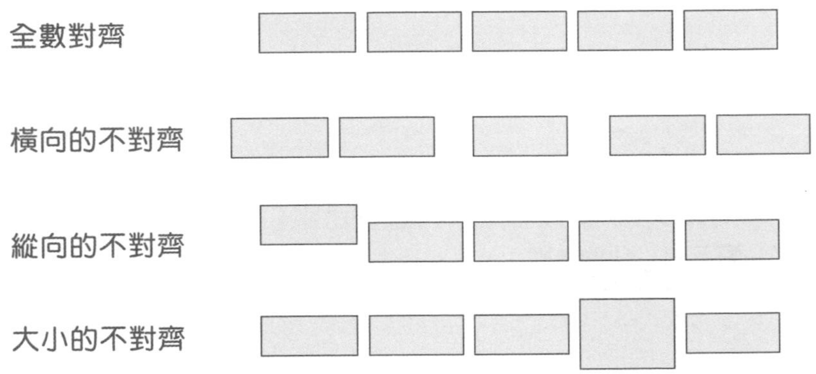

全數對齊

橫向的不對齊

縱向的不對齊

大小的不對齊

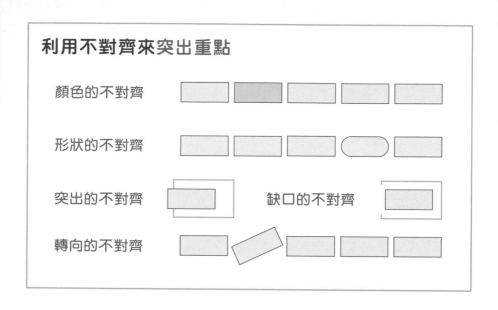

利用不對齊來突出重點

顏色的不對齊

形狀的不對齊

突出的不對齊　　　　　　缺口的不對齊

轉向的不對齊

工具列以外，對齊投影片元素的三個小撇步 ───○

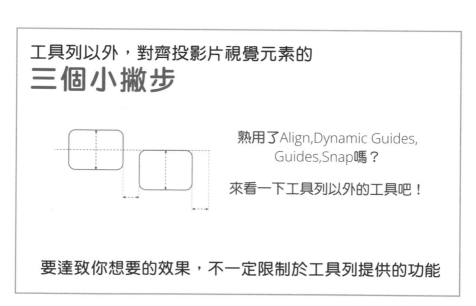

工具列以外，對齊投影片視覺元素的
三個小撇步

熟用了Align,Dynamic Guides, Guides,Snap嗎？

來看一下工具列以外的工具吧！

要達致你想要的效果，不一定限制於工具列提供的功能

Level 1：一鍵控制箭頭方向

　　商務簡報之中，最常出現的元素之一就是箭頭。可是往往總會有一兩次，在畫箭頭的時候，跟垂直線或是水平線差了一點點。忙著調校，最後又放棄，再畫一次。

一鍵控制箭頭方向

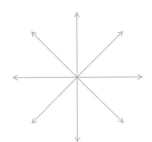

利用 Shift 鍵畫出特定方向

一個按鍵，確保你在投影片畫出平整的直線

一鍵控制箭頭方向

Powerpoint 先調整再畫線	Keynote 先畫線再調整
1.選擇繪畫箭頭圖案	1.選擇繪畫箭頭圖案
2.按住 Shift 鍵不放	2.箭頭圖案出現並呈現四十五度
3.把滑鼠拖行	3.在箭頭基中一端按住 Shift 鍵不放
4.可以繪畫的方向，會由360度 　無限制，變成八個基本方向 　（上下左右及四十五度角）	4.把滑鼠拖行
	5.變成只可改成八個基本方向

Level 2：隱形朋友協助定位

當工作經驗多了，負責的產品或是工作流程也愈見複雜。在投影片中要表達複雜的概念，元素的對齊也許會變得不容易。形狀或許會大小不一，流程也不再是一條直線。

就如下圖一樣，想表達右邊的一個共通流程，但兩個箭頭卻沒有末端可以依付（形狀只有四面的中央有依付點而已），要是想有絕對的控制，隱形朋友便是你的好幫手。

這不是指小孩在成長過程中出現的幻想朋友，而是簡報軟體中最偉大的發明之一，隱形的形狀。將填色設定為不著色，邊框可以設定為虛線，以提醒自己並分辨出是輔助用途。

有了隱形或隱藏的形狀，你可隨心的建立任何位置、任何數量的依付點，幫助元素做好對齊，最後只要把它們藏好在其他形狀背後便可以了。

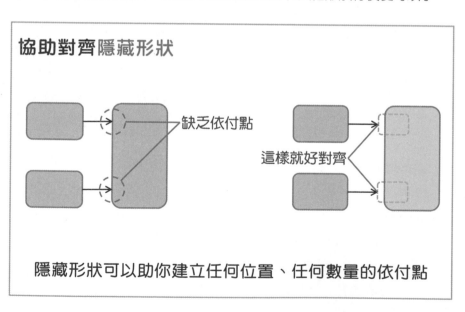

Level 3：形狀協助留白設計

　　學習做好簡報，就是為了傳遞好你的訊息，也希望觀眾在過程中也看得舒服。日系設計中的留白，或是負空間的概念，除了減輕觀眾頭腦的負擔以外，也可以間接把目光放回在投影片剩下的元素上。

　　沒有人喜歡壓迫的投影片，同樣道理，流程圖也不一定要黏在一起。就如上所述，依付點可以協助對齊，但若我們把形狀或是箭頭一拉開了，就失去了依付的功能。

　　隱形形狀的進階使用方法，便是在保持依付點的同時，建立一致的距離感，讓一點點的留白，為你的投影片注入呼吸的空間。

　　在你的標準形狀背後，加上隱形形狀，半徑差距是一致的，也即是說，圖形的時候是半徑加上 X，在投影片另一邊的正方形，哪怕是比圓形更大也好，隱形形狀的半徑也是加 X，而非呈比例的增長。這種做法，能使所有箭頭都與形狀維持 X 的距離，一致、低調、但又看得舒服的流程圖，也不是困難的事情。

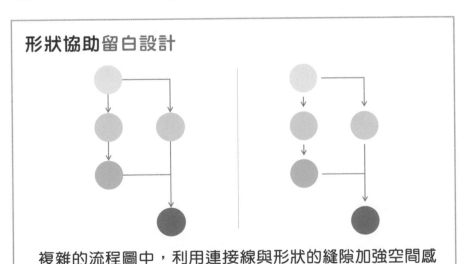

形狀協助留白設計

複雜的流程圖中，利用連接線與形狀的縫隙加強空間感

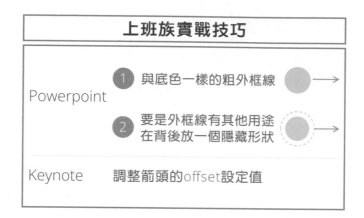

上班族實戰技巧

Powerpoint	① 與底色一樣的粗外框線	
	② 要是外框線有其他用途 在背後放一個隱藏形狀	
Keynote	調整箭頭的offset設定值	

以上幾個實務操作的小撇步，希望能幫助到在辦公室努力中的妳和你吧！

上班族學習總結

簡報軟體的工具列以外，還有三個方法協助對齊視覺元素：

❶ 按SHIFT鍵協助畫出平整線條

❷ 隱藏形狀可以協助對齊複雜的版面

❸ 增加形狀與箭頭的距離增加空間感

3-6 只是做一張投影片目錄頁，我還能發揮什麼加值效果？

簡報封面目錄頁設計技巧

　　大多數公司企業，都有其簡報模板或母片限制，尤其是簡報的封面，圖文高度標準化讓可發揮空間也有所限制。但其實只要花點巧思，即使只是做一張目錄頁，都可以在符合公司模板下，讓人看出你的與眾不同。

為什麼要花時間做好目錄頁？

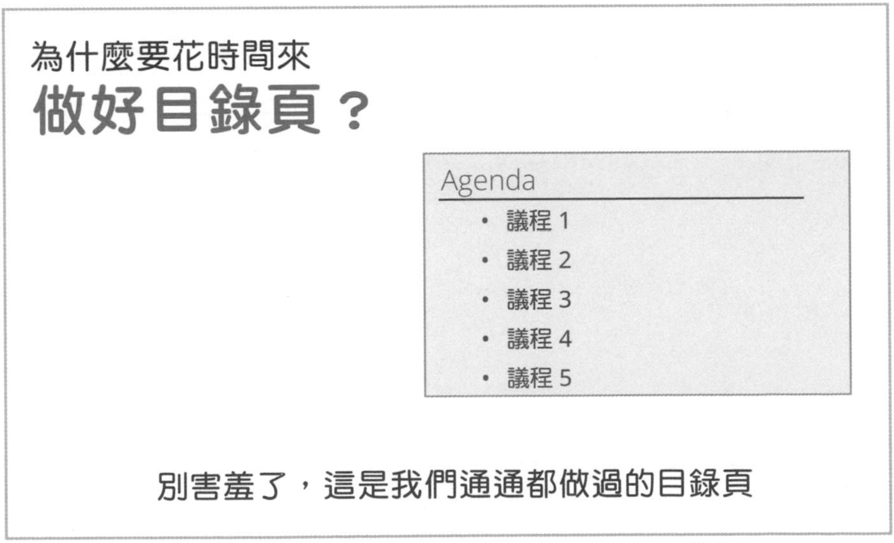

為什麼要花時間來
做好目錄頁？

Agenda
* 議程 1
* 議程 2
* 議程 3
* 議程 4
* 議程 5

別害羞了，這是我們通通都做過的目錄頁

某程度上，目錄頁的內容是講者與觀眾之間的立約：我將會花你們的時間，來提及這些那些部分。

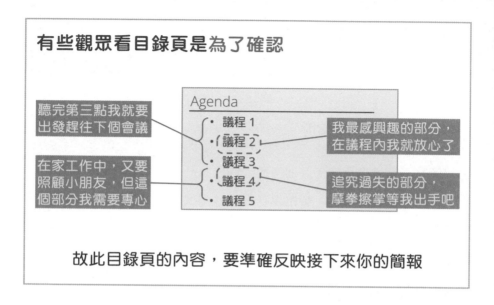

有些時候我們忙著對內容加加減減，最後卻忘記了調整目錄頁，試想想如果觀眾發現自己最想看的部分沒有顯示在目錄頁，會有甚麼的感覺？失望？擔心？要是立即發問，雖然你很專業地應對了，向他或她再三保證那題目在後續的投影片內，其他觀眾又會怎樣看呢？

目錄頁的最後一項，
是否加上AOB (Any Other Business)？

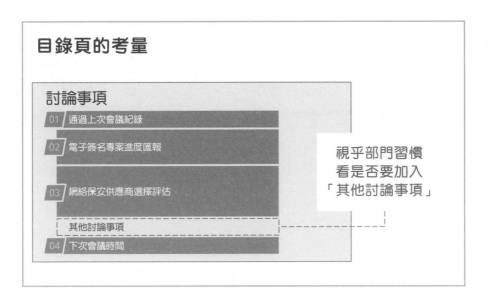

你或許會説，寫不寫也會歡迎大家提問或是帶出其他題目，為何硬要多此一舉呢？有一些企業高層很在意目錄頁的完整性，就好像會議紀錄一般要有始有終，沒有 AOB 是接受不了的。你可以借看一下他們部門的簡報，要是 AOB 在列，打死一定要跟著做。説到最後，面對高層也好、上司也好，多精彩的簡報，但沒有帶動觀眾行動／認可／批准的，算不上成功。

目錄頁加上時間的設計 ⎯⎯⎯⎯⎯⎯⎯⎯⎯⎯ ○

除了最基本的點列式以外，這幾年也興起了利用時間軸作為目錄頁的設計。簡報時間軸的設計的例子和考量，可以移步往另文一看。

為了幫助觀眾確認簡報內容或是安排自己的 physical/ mental attendance，目錄頁也可以把時間的因素放進其中，但這裡所說的，當然並不是這一種方法：

· 09:00 - 09:15 **歡迎**
· 09:15 - 09:30 **致辭**

而是把時間放進設計之內。

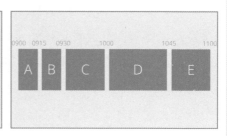

嘗試把時間軸的概念放進目錄頁中

09:00 – 09:15　Item A
09:15 – 09:30　Item B
09:30 – 10:00　Item C
10:00 – 10:45　Item D
10:45 – 11:00　Item E

觀眾只要一看，便可以知道哪一個部分佔較多時間

要是簡報內容是少於或剛好一小時，你甚至可以利用圓餅圖或是圓環圖，利用人看手錶的習慣，模仿時鐘上六十分鐘的時間分佈，來述說簡報中各個內容將會佔的時間：

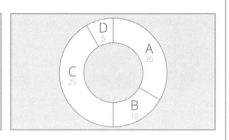

嘗試把時間軸的概念放進目錄頁中

09:00 – 09:20　Item A
09:20 – 09:30　Item B
09:30 – 09:55　Item C
09:55 – 10:00　Item D

利用人看手錶的習慣，模仿時鐘上六十分鐘的時間分佈

目錄頁的色彩設計

目錄頁中的色彩設計，有兩種走向可以供參考。

多色化：四個部分便給與他們四個顏色，但在進入每個部分時，簡報色彩便跟著該部分來設定；例如第一部分是紅色，那麼在第一部分的投影片我們便採用紅色作為點綴色，以提高整體的關聯性。

目錄頁的多色化

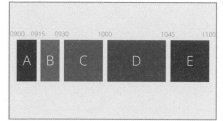
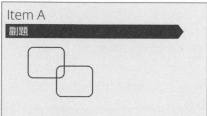

色彩從目錄頁延伸型至各部分，建立起各自的identity

單色化：平均對待各個部分，但在進入每個部分前，用簡報的主題色作 highlight，這種做法可以強化「我們在哪」的感受；看似勞累的設計，但在 PowerPoint 使用 Format Painter 或是 Keynote 的 Copy/Paste Style 便可以快速對調各部分的顏色。

目錄頁的單色化

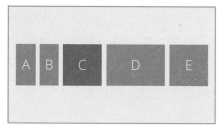
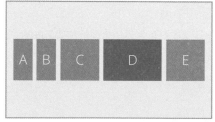

把目錄頁作為各部分之間的分隔頁，用顏色點出進度

上班族實戰技巧

把外觀設定從甲形狀複製至乙形狀

Powerpoint	Keynote
① 選擇甲形狀	① 選擇甲形狀
② 點選「Format Painter」	② 點選「Copy Style」
③ 選擇乙形狀	③ 選擇乙形狀
	④ 點選「Paste Style」

上班族學習總結

① 除了封面以外，目錄頁對來了簡報的第一印象

② 觀眾會透過目錄頁來確認內容及流程，所以要記得更新

③ 目錄頁不但可以是表列式設計，也可以滲入時間的元素

④ 簡報的不同部分可配上所屬顏色，或以目錄頁表示進度

3-7 投影片的比例是否愈寬闊愈好，16:9 你用對了嗎？

善用投影片寬度比例的技巧

有人會說 2022 年了，誰還用 4:3 比例作簡報呢？不是比例愈寬闊愈高大上嗎？事實上，有不少跨國企業的內部簡報模板仍用 4:3 比例。當然在時代巨輪下，影片、電視、電腦螢幕通通都在橫向發展了，呈現著電影感的震憾，4:3 的比例是否要走進了歷史呢？

哪種投影片比例用在哪種簡報場合

先停一停，想一想，你的簡報將會在那裡播放或閱讀。

4:3? 16:9? 21:9? 1:1?
各種投影片比例的不同用法

4:3	16:9	21:9	1:1
傳統銀幕 Apple iPad	辦公室桌上或電視螢幕 Samsung Galaxy Tab (16:10)	商演會場或金融科技公司 Apple iPhone (19.5:9) Samsung Galaxy S (20:9)	社交媒體分享

各種常見的螢幕比例及用途

想走捷徑的也許會說，乾脆把 16:9 的比例用到底不就好了嗎？不用理會媒體的使用。參看下圖顯示兩個比例錯配的情況，數值上螢幕有四分之一的地方是會被浪費掉的。

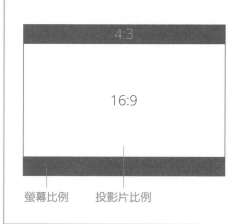

投影片比例與螢幕出現錯配

4:3

16:9

螢幕上下出現黑色部分
投影片因錯配按比例縮小
與全螢幕相比損失25%高度
亦即是內容文字縮小了四分一

內容文字 → 內容文字

沒有錯配　出現錯配

螢幕比例　投影片比例

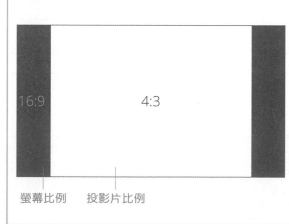

投影片比例與螢幕出現錯配

16:9

4:3

文字沒有因錯配而縮小
但是螢幕左右的黑色部分
會給人內容老舊或是
講者缺乏準備的感覺

螢幕比例　投影片比例

最重要的是要反方向想，你下一次的簡報將會利用甚麼媒介，再去選擇簡報的比例，沒有一個永恆的黃金比例可以依循。

上班族學習總結

1 投影片不同的比例適合於不同的用途和媒體

2 預先了解場地的媒體（銀幕／螢幕）的比例，以免簡報時投影片與媒體出現錯配

16:9 簡報，用寬度換取高度

經過上文的介紹，選好了簡報投影片的比例，如果是市場上大熱的16:9甚至是更寬的21:9，有些人會覺得，為的是「空間感」、「電影感」、「酷炫」，然後放一個滿屏的圖像背景就好。寬闊了的投影片比例，其實有幾種善用的方法，讓你無論在內容表達，或是設計排版都更可以有效。

都是軟體預設惹的禍，我們從小到大也是被模造於一個想法：寫下了要點，按 enter 換行，再按 tab 作 indentation 寫下次要的東西，利用這種高度規範化的巢狀結構方式，去表達內容的層次。

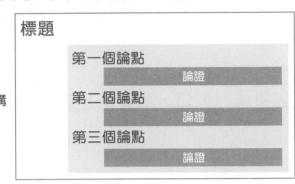

這種設計簡單直接，清楚表達主次結構；但是當內容比較多的時候就出現了問題，擠壓了行距還是不夠用，結果唯有把文字縮小，同事客戶看得困難，失去了興趣，無論花了多少的準備功夫，結果你想表達的訊息也變得難以傳遞。既然現在有了寬度的餘裕，就用它來換取高度吧！

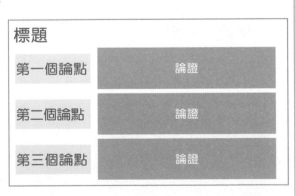

16:9 簡報，除了上下列，你還可以左右排

如果你的投影片標題夠短，可以選擇以下的方法，把左上角轉到左邊，而將右邊 floor-to-ceiling 留給內容。對高度有要求的內容，例如圖像、流程、圖表，可以使用的空間愈多，你的發揮空間也愈大。

如果標題較短，就能盡用高度

有些內容，例如是圖表、流程、截圖等，需要更多**高度**來提升效果

標題不一定是在左上角，內容範圍可以有更大高度

16:9 簡報，善用二分或三分天下

16:9 的比例，不是只有寬闊而已。 我們從數值上分析一下可以如何利用這個 16 和這個 9。把 16:9 從中間一開為二，會產生兩個接近正方形的子空間，左右分佈的設計，最適合來做甚麼？ Before and After 的展示，用這種擺法便一目了然。

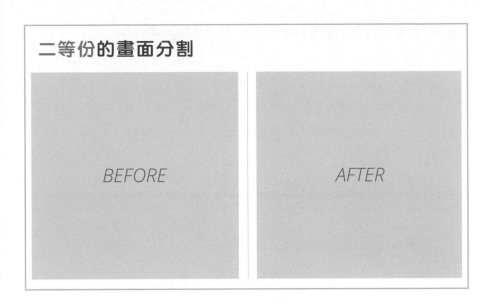

除了二分以外，三等份的空間切割，在 16:9 的比例中，亦容易讓人看得舒服。腦神經科學的研究指出，人的暫存記憶大概只可以儲存三、四件事，所以簡報重點的數量在這個範圍就好。

巨幕舞台簡報，要懂得爭取自己的空間

投影片的寬度在這個時候便顯得重要。如果事先知道會場的設定如此，先把背景換成暗色，再把內容擠一點點，預留旁邊的空間給自己，這樣無論投影機或是背投式，你都不用擔心阻擋了觀眾。

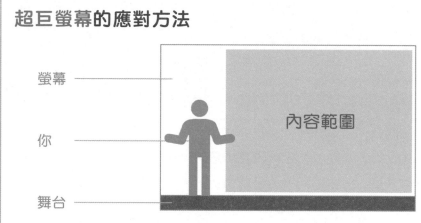

超巨螢幕的應對方法

螢幕

你

內容範圍

舞台

這樣做無論投影機或是背投式，你也不用擔心阻擋了內容

上班族學習總結

1 投影片比例愈來愈寬之際，有些內容可用寬度換取高度

2 投影片16:9的比例可以優雅地容納兩個正方形空間，
或是三個4:3的空間，可以用於排版設計

3 遇上巨幕的場地，可以善用寬度免於自己擋住了內容

3-8 我知道哪裡有免費商用圖庫，但是該如何選擇？

找到適合簡報圖片的地雷與竅門

免費的商用圖庫？有！然後呢？

甚麼才是適合你簡報的圖片呢？

Pexels　　Unsplash　　Xframe　　Pixabay

我懂去哪找免費商用圖片，但為什麼有些人找圖特別好看？

　　英文諺語中有云 "A picture is worth a thousand words." 這也是一種很流行的簡報設計概念，以全屏的圖像配合短句，投射情感或是襯托故事。隨著版權意識的興起，大家也學會了找免費的可商用圖庫，但是，然後呢？甚麼才是適合你簡報用的圖片呢？

要避免踩到的簡報圖片地雷

Level 1: 忽視版權

別以為是在説笑，有見過公司的內部簡報，投影片內的圖片還有網站的浮水印存在。有些人會有一個錯誤的觀念，就是收費的圖庫網站，未付費給你先看的小圖是免費的，需要高解析度圖片才需要付費來買。無論未經授權使用有浮水印的圖片，或是用 Photoshop 以至人工智慧工具去除圖片中的浮水印，都是觸犯版權的行為。

Level 2: 懶得搜圖

在職場打滾了一段時間的，通常也不會犯 level 1 的錯誤。但當人懶惰起上來，有千百個免費圖庫也沒有用，因為人人也用了同一幅圖片。除非你有獨門的免費可商用圖庫，否則其實大家也是來來去去那幾個網站去找圖片。要避免「撞圖」的尷尬，拜託，不要省那一分鐘，先不要在搜尋結果的第一頁去選，至少第二三四頁也好，也可以減低觀眾「噢，又是那一張圖」感歎的機會。

Level 3: 為配而配

Level 3: **為配而配**

圖片的確能提升興趣、加強記憶
但過份**重複用的好招數**就沒效了

媒體報導疫情時配上類似的圖片
以免變成純文字報導

但這種圖片對傳遞訊息，
或是簡報有多大幫助呢？

Source: Pixabay (Free for commercial use; No attribution required)

Level 3: **為配而配**

為**核心訊息**配圖片，而不需要每個環節名稱也配一張

在募資的場合，介紹自己的產品
或公司的願景，然後配上這張圖片

又何嘗不是為配圖而配圖呢？
或是配一張切合願景的圖更好吧？

Source: Pixabay (Free for commercial use; No attribution required)

Level 4: 卡通風格

Level 4: 卡通風格

商業簡報**重視專業形象**，卡通風格盡量避免

在辦公室內的簡報，尤其是在企業當中，
　類似MS Word Clipart的風格，
　會令同事上司們對你「另眼相看」啊！

現在免費圖庫多的是，不要再給自己藉口

Source: Pixabay (Free for commercial use; No attribution required)

Level 5: 矯情擺拍

Level 5: 矯情擺拍

表情誇張的擺拍照片，**會拉低簡報的專業度**

你想表達憤怒的情緒
右面的圖片反可能引來觀眾的笑聲
（除非這是你簡報的目的）

Source: Pixabay (Free for commercial use; No attribution required)

Level 6: 雜亂背景

　　真人、卡通也多多要求，那麼物件就簡單了吧？使用物件的圖片，如果要配合簡報投影片上的短句，背景最好就是淡化，讓觀眾的眼光自然地放到句子身上；當然如果背景比較雜亂的時候，你可以利用顏色方塊或是漸層遮罩來突顯語句，但背景愈清澈觀眾看得會愈放鬆。

Level 6: **雜亂背景**

顏色方塊及漸層遮罩都只是解決雜亂背景問題的最後手段

背景雜亂的圖片：要放短句比較困難　　背景淡化的圖片：有或是沒有
　　　　　　　　　　　　　　　　　　　　　　文字短句，都有質感上的分別

Source: Pixabay (Free for commercial use; No attribution required)

人人都搜免費圖庫，如何搜尋得比別人好？

　　看到這裡你可能會說，「光批評誰都會，要不你來示範一下？」

　　除了以上提到的六個雷區要避免以外，要為你的簡報配上合宜、獨特、不浮誇的圖片，解決辦法就是圖片的深度。

就像説笑話一樣，太淺易的你會立時大笑，但過眼雲煙很快便忘記了；想一想才笑出來的、有心思的笑話，或許你會記住來説給朋友聽。圖片的深度，在於不要用腦海中浮現的第一個字去搜尋。

你可以使用不同工具，例如心智圖、或是在紙上畫，跟這個字有關的名詞、形容詞、動作等，一層一層的擴散推敲出去，到第二、三層或以上的時候，你搜尋的圖片結果，配合你所表達的故事，自然會有一番韻味。

練習時間，我們試一下找有關憤怒的圖片。

這一次我們不是搜尋「憤怒」，而是從「憤怒」想到了心情，再想到「洶湧」，再想到「海浪」，來表達憤怒把你的理智都淹沒了，結果你做了一些傷害了伴侶或家人的事。

用這種圖片來表達淹沒理智的憤怒，你會覺得更有深度嗎？

再來一個例子，大熱的加密貨幣，你當然可以直接搜尋 bitcoin，實際上也有很多圖片給你選擇。然而，也正是加密貨幣的大熱，有關加

密貨幣的文章或簡報都鋪天蓋地了。你會否擔心選了以下的圖片，上了台會給觀眾一個「又是這一張」的形象？

我們又再嘗試增加圖片的深度，從「加密貨幣」自然會想到「價格升跌」，這時候你要壓抑找「折線圖」的衝動，因為仍然太表面了。進一步從上升想到「火箭」，由「火箭」想到價格的調整，結果可以用以下的圖片作背景。

這是一幅具有足足四層深度的圖片：

· 火箭般急速上升但又可以隨時墜落的價格
· 開口便可以主宰加密貨幣市場氣氛的航天 / 電動車大亨 Elon Musk
· 圖中爆炸的是「挑戰者號」太空梭，而加密貨幣被視為挑戰法定貨幣，那麼比特幣會成功嗎？
· 新進的加密貨幣，有沒有汲取前人教訓，在比特幣身上取長補短，在未來更上一層樓？

一張圖片已經有足夠材料讓你說幾個小故事，比起對上一張冰冷冷的圖片，一方面利用好奇心，引導觀眾猜想你想說的是甚麼，抓住他們的目光，另一方面也能夠更觸動到觀眾的情緒和共鳴，令你的表達立體化、多面化，從而達致更深刻的印象。

上班族學習總結

1 資訊世代誰都容易找到可商用的圖片，如何找到配合你簡報的圖片才是分野所在
2 不要忽視版權或往往只在搜尋結果第一頁找圖片
3 圖片使用過多也會減弱效果，不要為配圖而配圖
4 不要使用擺拍或卡通風格的圖片以確保專業形象
5 雜亂的圖片背景會造成視覺上的困擾，與其用色塊或遮罩倒不如試一下找背景虛化的圖片
6 利用心智圖擴展詞彙來搜圖，以提升圖片的深度

3-9 網上找不到合心意的圖片，我可以用手機拍的照片嗎？

拍出適合簡報照片的技巧

在人人有手機的年代，我們自己拍下的相片，真的可以運用在簡報中嗎？在哪些情景下才適合這樣做？

除了圖庫以外，我可以用
自己手機拍的相片於簡報中嗎？

日常生活中	預備簡報時
網美照、美食照、旅遊照、意境照 手機拍照再修圖就好，多輕便	找圖庫啊！還是專業的好 （其實很多圖庫內的圖片都是 手機拍攝，只是圖庫帶來光環）

有幾種既有的觀念，其實在日新月異的科技之中，已經不復存在。

手機拍攝的品質不夠簡報用嗎？

　　幾乎每個月都有新手機型號出現的年代，競爭激烈得來，手機拍攝的質素已經提升不少，配合人工智能修正，在靜態拍攝上，很多時候也未必能看出與單眼相機的分別了。

　　初期的手機固然拍攝的像素不足，而且顯示器的分辨率推陳出新，普通電視也多數已經是 4K 解析度的年代，難免讓人有手機像素追不上顯示器的想法。但數字騙不了人，所以特別做了以下的比較。

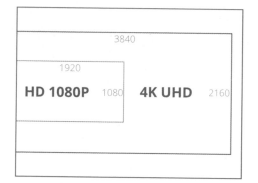

手機鏡頭有足夠簡報用的像素

3840

1920

HD 1080P 1080 **4K UHD** 2160

iPhone SE起各型號
主鏡頭象素
4032 x 3024

手機拍的照片足用於4K解析度的螢幕

擔心自己的照片拍得不好看嗎？

　　用自己的相片，不等於是你的樣子。自家人像照適用於簡報中有幾種情境，例如是團隊的團體照，或是你的簡報是推介公司的零售、餐飲或醫療業務，拍下一些真實員工在前線工作中的相片，貼題度與親切

感，都是任何商用圖庫也比不上的。

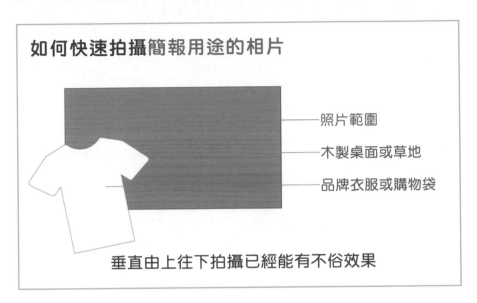

要是不喜歡垂直拍攝的話，也別要忘記手機上的人像模式，其實也適用於物件，調較好角度就可以拍出淺景深的照片，突出物件又淡化了背景。很多人也喜歡用同樣方法拍下咖啡或是美食照，也同樣可以應用在簡報上呢！

又或是你想在簡報中談人際關係，但是你的對象又未必願意出鏡在簡報當中，物件也可以幫助到你。

可能你會想再戲劇化一點，椅子可能是個選擇。

隨處可見的椅子，只要有清澈的背景，例如劇場的台上、空盪的房間、淨色的牆壁等，找來幾張椅子便可以娓娓道出一個個人際關係小故事；一起看一看下圖的組合吧！

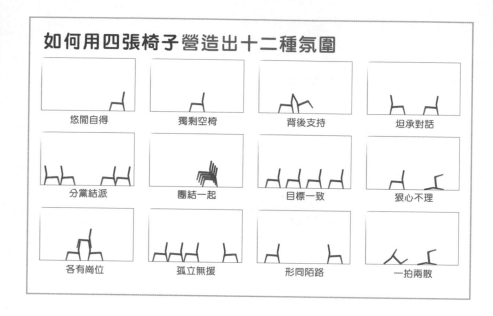

如何用四張椅子營造出十二種氛圍

悠閒自得	獨剩空椅	背後支持	坦承對話
分黨結派	團結一起	目標一致	狠心不理
各有崗位	孤立無援	形同陌路	一拍兩散

　　簡單的物件、或是自然景象，也可以用來替你的簡報增值。不單只避免了版權的問題，也帶來一種新鮮感、親切感，在某些簡報的題材上，可能比搜尋圖庫更能觸動到觀眾。

上班族學習總結

❶ 手機可以應付日常照片，也可應付簡報的需要

❷ 手機的質素以及象素都足以在商業簡報中使用

❸ 自己拍攝可以脫離圖庫框框，用更在地的角度

❹ 利用日常生活中的擺設和傢具也可以帶出意境

PART 4

應對簡報現場
說服聽眾

你最需要的技巧與不可踩的地雷

4-1 我擔心簡報過後沒有人問問題，但又怕有問題解答不了？

簡報現場問答設計完全攻略

　　無論在簡報過程中，或是在完成簡報後，我們都有機會遇上林林總總的提問，當中有尖銳的、有質疑的、有友善的、有無聊的，面對觀眾的提問，上班族們可以如何應對呢？

　　工作中多數在以下幾種情況下做簡報：向潛在客戶介紹產品功能、向客戶解釋計算邏輯或闡述解決方案、向銀行員工簡介監管機構新政策帶來的影響等。換言之，簡報生涯中絕大部份也是在一個非友善（hostile）的環境下進行，質疑、反對、批評、挑戰，隨時都可能發生。

　　在這種非友善的環境下，應對提問的時候，除了測試你對題材的熟悉程度外，也是對臨場反應和情緒處理的考驗。

簡報後，有人提問才是好現象

　　談及應對技巧前，有兩個容易誤會的地方可以先跟大家分享一下。有些人會覺得沒有人提問，是好的現象。那可未必。

觀眾在簡報過後
沒有舉手發問？

最好的情況 ←————————→ 最壞的情況

- 觀眾內容完全清楚明白
- 沒有提問或跟進的需要

- 悶到巴不得你趕快離開
- 內容並不是他們想要的
- 不喜歡你的風格而放棄

適量的提問可以幫助你快速確認

有觀眾留意你說的內容 ——→ ⬚ ←—— 覺得簡報內容與他們有關

不至於討厭到想你立刻離開

看到觀眾有提問，其實我反而會鬆一口氣

利用總結頁來吸引聽眾提問

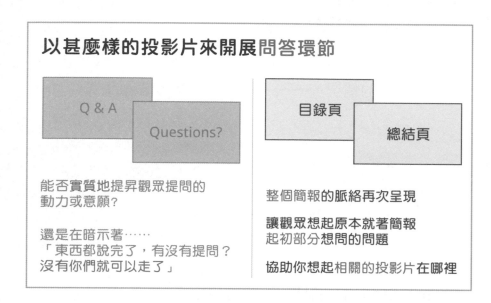

現實一點來說，這樣做也會對講者你自己有幫助。有時候來自觀眾的問題你未必記得是來自簡報的哪一部分，匆忙之下也許會在投影片中按上按下、來來回回、尷尷尬尬地找。有了目錄頁或是總結頁，觀眾提問時可能就會連帶地說：「我想問剛才第三部分有關預算的地方……」問題中就帶有了是屬於那部分的提示給你了。

有聽眾提問，你應該先做這三件事

言歸正傳，觀眾的問題來了，你的第一個重點是答嗎？你可能想我會這樣問，大概是聽吧？都不是。

未開始回答問題前的三個撇步

表情管理

喜怒不要形於色

身體語言

展示你想作聆聽

分流應對

快速分配誰作答

不要滿腦子急著作答

聽問題時的表情管理

　　你沒有辦法去推測觀眾所有的問題，可能是你的專屬領域（我懂我懂！），但也可能問及你最不熟的部分，或是故意挑剔的引戰問題，或是沒有留心簡報內容而問的問題。不同的問題會引來你不同的情緒，自信的、擔憂的、怒憤的、無奈的，是很正常的事，但也要小心做好表情管理。完結了簡報離開，怎樣罵、怎樣笑也可以，但不要輕易在觀眾面前流露出來。在非友善的環境做簡報，有時候某些觀眾提問是為了看戲的，從你的表情反應容易地看穿的話，後續或許會引來另一波的攻擊。

聽問題時的身體語言

除了表情外，在應對提問中身體語言也是很重要的。不要交疊雙手、不要手放褲袋等，固然是最基本的地方；聽著問題時，拿著簡報筆／遙控的手注意要垂下，你可能很想立刻跳到某一頁投影片去解釋，但是拿著簡報筆／遙控在胸口的位置，躍躍欲按的預備動作，會流露出一種催迫的緊張感；把手垂下，就好像是先放下武器去開展談判一樣，身體語言是「慢慢來，我在聽」。

如果手並不是在寫筆記，會建議身體微微向前傾，表示出你在專注聽問題；要是手在抄筆記，要注意多抬頭作眼神接觸，垂頭的時候多點頭示意明白，這些小動作，除了在問問題的那位以外，各個觀眾都看在眼內。

要是你覺得需要翻查資料作回應，不要邊聽邊翻。除了觀感不佳之外，分了心也會讓你有機會聽漏了甚至聽錯了問題，反而得不償失。你可能會說，現在不翻，那麼要開始回答的時候怎麼辦？不要擔心，下文將會探討應付的方法。

準備回答前的分流應對

有些時候，簡報不是你一個人在做，而是幾位同事或同學共同的努力。而你在主持提問環節的原因，可能是因為你是負責串連簡報中各部分的人，或是純粹只是因為你負責了簡報最後的部分，所以順理成章地負責了收尾的提問環節。

在這些情況之下，就會考驗到團隊之間的默契。在聆聽問題的時

候，你要立刻分析是屬於哪位同事或是同學的部分，餘光看一下那人有沒有在聽，或是有沒有在準備，否則可能要開始打一下眼色，免得你介紹他來回答的時候，他或她一臉地茫然，場面十足的尷尬。

另一些情況是上司，尤其是直屬的上司同時在場，又要用餘光看一看上司是否想把問題接下。無論他或她是衝出來為你擋一下也好，或是爭取表現自己也好，無論背後的原因是如何，要是看到上司有準備的架式，或是開始向你的打眼色，你便要做好介紹上司來回應的準備。

要做好以上的分流，開始提問環節之前，先快速留意一下有關同事或是同學，與上司是坐在台下或是會議室中的哪幾個位置。

前期的預備功夫都做好了，下回我們再一起探討，如何展開提問的應對吧！

上班族學習總結

目標　找到你自己專屬的「聆聽問題pose」

實習　在全身鏡面前，找一個自己舒服的站立動作
沒有插袋，沒有慵懶，沒有不耐煩
在簡報問答環節中，你應該全心全意聆聽和分析
讓你的「聆聽問題pose」透過練習成為肌肉記憶

應對各種問題的竅門與地雷

　　之前我們探討了在簡報現場，可以如何預備提問的時段，以及如何調整應對的心態；接下來我們就來看一下，實際開始了問答後，有甚麼應對的技巧可以留意的呢？

應該在簡報途中接受提問嗎？還是一開始就

向觀眾說明提問請留待最後？

✓ 提問有助你盡早發現簡報根本性錯誤
✗ 在非友善的環境給人有躲子彈的印象
✓ 有些老闆要提早離開或是即時要答案

能接下問題是信心的表現，前題當然你要先做好足準備

應對問題要是影響了節奏，對其他觀眾公平嗎？

是非題	簡短對答	詳細解說
沒有影響	先提供答案	先提供答案
	一兩分鐘的解釋	兩三分鐘的解釋
		觀眾要提早離開：索取電郵作跟進 偏門問題：相約在休息或過後面談 共同話題：解釋會在問答環節繼續

三個層次的反應，快速答案、簡短解釋、適當跟進

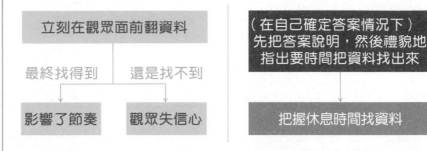

如果觀眾的問題與簡報內容有關，但我不知道答案，可以如實回應嗎？

可以，而且是必要。不要懷著僥倖的心理，以為耍個咀皮子就可以蒙混過關。在非友善的環境做簡報，瞎吹被觀眾揭穿，相比不懂得問題的答案，後果可更加嚴重。沒有人會懂得所有問題的答案，但事前的準備功夫做好了，把其他問題都好好應對了，間中一兩個問題你沒有立刻能回答，還是能夠全身而退。

未開始回答問題前的三個撇步

壓力下容易說出口頭禪　　嗯　　對了　　接著　　那麼

簡報的壓力下，更容易每個回應也加上：

謝謝你的提問　　這是一個好問題

如果面對每個提問也說是一個好問題，那也未免太虛假矯情

謝意不是只可以在回應的第一句出現

謝謝你的提問

你的回答 ▭▭▭▭▭▭▭▭▭▭▭▭▭▭

……這也是一個好的角度……

你的回答 ▭▭▭▭▭▭▭▭▭▭▭▭▭▭

……謝謝提起這部分，也相信大家現在會有更深刻的了解。

你的回答 ▭▭▭▭▭▭▭▭▭▭▭▭▭▭

把不同的方式語句混合起來，觀眾聽起來也會覺得自然舒服

回應問題的時候，我需要一開始便重覆每個觀眾的提問嗎？

　　有些人喜歡這樣做，因為可以肯定其他觀眾也明白問了甚麼，也

顯示你有留心在聽觀眾的提問。然而，就如上題所述，應對不是只有一種方法，例如你可以考慮把重覆提問融合在回覆之中，「……收集這些數據可以有幾種方法，其中好像就如 XXX 剛才提起的（把眼光或是手勢指向剛發問的觀眾）……」或是「……監管當局的文件並沒有一個很明顯的例子，但就 XXX 剛才提起的那一個情景，亦即是客戶剛剛超過六十歲的時候……」。一開始便重覆問題這一招，我會留待當觀眾的問題很輕聲的時候才使用，因為在這情形下貿貿然開始回應，其他觀眾可能會不理解問題所在，因而沒有留心你的回答，甚至繼而再提出了重覆的問題。

思緒混亂未能立刻回答，可以叫觀眾給我時間嗎？

 在非友善的環境下，這樣做會有相當的危險性
說一句「嗯……讓我先想一想」可能讓你成為有心人的目標

 1

跟觀眾先逐個問題確認
利用確認、抄寫的時間
爭取機會規劃你的應對

2

詢問對方的名字及部門
覺得受重視多數不拒絕
對話間為自己爭取時間

沉著應對，主動開口為自己化解困境

要是沒有觀眾提問題怎麼辦？要說「沒有問題是蠢問題」嗎？

你當然可以說「沒有問題是蠢問題」，但至少我沒有看過一個死寂的提問環節會被這一句話激起過。要營造提問環節的氣氛，撒步可以是簡報途中未完成的解釋（也就是第一條問題的延續，在簡報中先解答了

一些，然後在提問環節繼續解釋，一方面呼應之前的答案，另一方面也實現了自己會在提問環節再來解釋的承諾，也避免了提問時間完全沒有問題）。除了被動的等候問題外，在簡報途中你看見有觀眾有疑惑的表情，或是有兩三個人在邊指著投影片邊傾談的話，可以主動了解一下是否有不明白的地方，哪怕是觀眾禮貌地拒絕了，也可以令他們感到你並不是只想單向地完成簡報便離開。

上班族學習總結

1. 簡報途中接受題問可以協助提早發現內容錯處，並展現自信心
2. 要是回答需較長時間，視乎觀眾及關聯性決定如何跟進
3. 不要立刻在觀眾面前翻查資料，因為不能肯定可以找到
4. 不知道答案就要如實回應，別懷僥倖心理去亂說
5. 不要用永恆一套模式作為回應的開場白
6. 利用一些小技巧為自己爭取一些時間去整理回應的思緒

4-2 流行的即時回饋（back-channel），我應該採用嗎？

三種簡報即時回應的應用時機

　　傳統的簡報是較為單向，投影片是預製的，簡報的過程中除了舉手表態或是問答環節外，觀眾的參與度都比較低。隨著科技的發展及智能裝置的普及，有愈來愈多的方法讓觀眾更積極參與簡報的過程，加強投入感的同時也增進了雙向的溝通。既然有如此的好處，在商業簡報中如何運用即時回饋／backchannel，當中又有哪些要注意的地方呢？

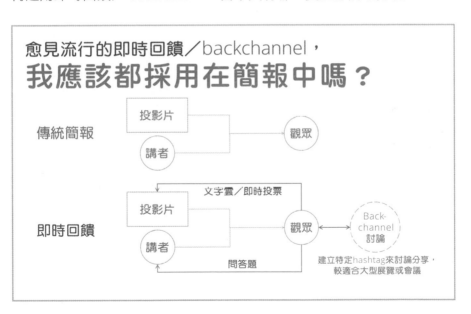

動態文字雲適合商業簡報嗎？

　　其中一種最受歡迎的即時回饋方式就是文字雲，因為其效果美觀吸引，而且是屬最簡單易明的視覺化工具之一。然而在設計和應用上，文字雲在簡報的即時回饋方面都有我們需要注意的問題。

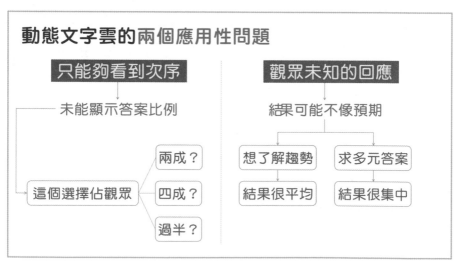

故此在商業簡報的層面，即時回饋的動態文字雲較適合作為非正式場合，例如內部訓練、團隊聚會等的用途，作為破冰環節。外表固然亮麗，只是以上的缺點加上單一層次的結果，實在不太適合用來作商業邏輯與決策的討論。

即時投票適合商業簡報嗎？

相對於文字雲開放式的答案，即時投票就會有預設的選擇，而且可以顯示投票比例，可以解決上文提及到文字雲的問題。大部分網站或軟體都支援匿名投票，較內向的觀眾或是同事都可以放心參與，可以補足傳統簡報場合只有較外向的觀眾會發表回應的不足。投票結果當然及不上文字雲的視覺化吸睛，但即時投票在提高所有人的參與度的同時，結果和分析都較容易接到簡報的其他部分。然而在設立即時投票的答案選擇的時候，我們要注意的是緊接投票後的簡報環節是甚麼。

即時投票要留意緊接的簡報環節

即時投票

產品1

產品2

下一頁簡報 →

我們都知道
產品1比較重要

投票選擇只有兩三個
便要特別小心

否則若是下一頁已經
預設了立場只會帶來尷尬

沒有十足的把握，就不要在定調的投影片前一頁作即時投票

即時問答題適合商業簡報嗎？

第三種常用即時回饋的方式則會是問答題，與即時投票一樣，觀眾若是不習慣公開發問，或是怕打斷講者說話，又或是問題比較敏感，都可以選擇透過手機匿名發問。可能你會疑惑，以上這些透過網路進行的即時回饋機制，不就是給予了機會，甚至是鼓勵了觀眾拿手機出來看嗎？那是否反而令觀眾多看了手機而少了專注於在簡報上呢？在這個集中力碎片化、工作流動化的年代，無論你的簡報多麼精彩，也會避免不了觀眾用手機來工作、寫筆記、拍下投影片內容、甚至是偷偷用來解悶。

在商業簡報中，我會建議考慮兩個面向，會議的人數，以及講者與觀眾之間的階級距離。

即時投票及問答題的適用場合

即時投票

現場簡報：觀眾十五人或以上
（否則舉手投票更有參與感及仍容易數票）

遙距簡報：沒限制但不要濫用
（例如是否暫停小休，直接開口問就好了）

問答題

講者與觀眾在職位上有距離
（同儕容易直接發問，面對高層或老闆則可能需要匿名的方式）

雖然以上說觀眾在簡報中使用電話是無可避免的事，然而問答題中有一項設定需要留意，就是觀眾可以瀏覽其他人發問的內容並選擇按讚

（upvote）。這個設定會帶來兩個影響，第一是觀眾會傾向更頻密地查看手機，看有沒有新的、有趣的發問出現，或是看看自己所提的、所讚的發問，與其他相比的走勢，換句話說，就是把社交媒體上的焦慮都搬進來了。

第二個影響在於講者，到了問答環節，因為收集問題的方式是公開的，你是沒有辦法挑有利的問題才答，而且當順著按讚的順序答問題的時候，亦即是按著觀眾的關心度去答問題，最先的幾條問題盡量不要含糊蒙混過去，要做好準備去面對。

綜合這兩個影響，問答題按讚的功能，就未必適合在需要觀眾高度集中的簡報，例如是商業決策的場合或是面對客戶的產品演示中使用了。

沒有萬能的工具，即時回饋的文字雲、即時投票及問答題等模式，能夠提升觀眾對簡報的參與度，但是要就著簡報的性質來決定使用哪一種方式。

上班族學習總結

1 即時回饋比傳統的單向簡報，更能促進雙方的互動

2 文字雲的使用雖然簡單方便，但亦有先天性的不足

3 即時投票及問答題可以讓較內向的觀眾匿名地參與

4 不要在一頁定調性質的投影片的前一頁做即時投票

5 採用即時回饋前應先考慮參與的人數及簡報的性質

4-3 排在我之前的簡報超時，
會議時間縮短，我可以怎樣應變？

三步驟讓簡報依然完美上場

遇上簡報或是會議有多名講者的時候，你負責的部分就有機會被其他人的超時所影響，或是你作為唯一的講者，但會議的時間有時候因種種理由而縮短了。在這兩種情況下，你的簡報都突然要在比預期短的時間內進行，這時候怎麼辦？

常見但錯誤的沒時間應對方法

在討論該如何應對前，我們先來看看一個常見，但是最差的做法。

這種做法猶如蜻蜓點水，講者提高語速，在投影片間快速跳進，最後因用光時間而草草結束。觀眾能夠真正獲得的資訊，卻是非常有限，講者的簡報，最後有點像是為了交功課而交功課的無奈選擇。這樣也許會有一點同情分，然而回望一下這次簡報的目標，就沒有達到預期。

你可能在想，時間短了就是短了，我已經拼命地在有限的時間說最多的內容，責不在我吧？被之前的講者影響，或是會議突然被縮短，固然不是你的責任，只是在下次應對這種已經發生又改變不了的情況，你可以考慮走以下的三步。

第一步：先確認可用時間

不是看手錶就知道嗎？如果是單一講者的會議，或許會是這樣。但是在多名講者的會議上，出現了超時的情況，你可以先跟會議的主席或是帶領者確認一下可用的時間。你可能是最後一名講者，預備了半小時的簡報，而會議只剩下十五分鐘，這個時候如果主席批准你多用五分鐘時間，總共有二十分鐘，你就會少一點狼狽。

或是在你之後仍然有幾位講者，為了追回時間，可能每人縮短五分鐘；或是各人按照原本的計劃，而把最後的一兩個講者調撥到下次會議，也有可能發生。先確定你將會有多少時間做簡報，再決定如何應變。

第二步：抽取核心訊息

因著你有的時間，你就要開始篩選最核心的部分。這一步最考驗你對整個簡報的瞭解，有時候投影片早在一星期甚至一個月前準備好，就

要看簡報前你有沒有複習一下，還是一開始你就打算直接上場再靠經驗補足。

先找出哪一部分是任何情況下必需要今天向觀眾說明的，其他的部分就要考慮是否對於觀眾理解核心部分有幫助，否則就可以選擇作犧牲。

那麼放棄的部分是否即時把投影片移除呢？我不會建議這樣做，一來有些會議的投影片是先行收集再派人操作的，二來哪怕你可以即時更改，壓力下錯誤刪除絕對有機會發生，情況就只會亂上加亂；還有另一個原因在第三步……

第三步：展示大綱，直指核心

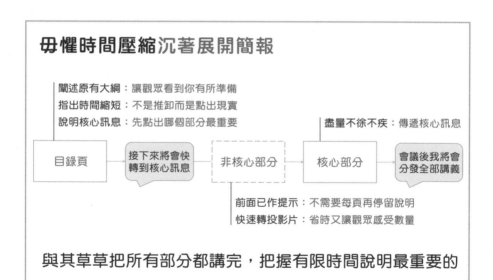

預計之外的情況，情緒智商及對材料的熟悉度同樣重要，能夠在觀眾面前平靜地成功解難，你的技巧和努力總會被人看見。

上班族學習總結

1 遇上獲配的簡報時間縮短，不要為包涵所有內容而拼命提高語速並草草完成

2 先與會議主席確認還會有多少時間

3 把簡報分為必定今天要談的核心及非核心部分

4 展開簡報時先闡述現實，才快轉跳過非核心部分，最後不徐不疾地帶出核心訊息

4-4 半天形式會議、工作坊，
參加者進進出出，如何統一各人進度？

辦公室內的簡報除了半小時到一小時的會議形式以外，遇上要深入內部討論某些商業邏輯，或是你作為軟體或雲端服務供應商，要作深度演示和討論，就會有兩三個小時模式的工作坊（workshop）或是深度探索型（deep-dive）型會議的出現。這種會議不但對準備、專注和體力有很大的要求，基於時長的關係，觀眾總有進出的時候，可能是只出席與自己有關的部分，或是離開出席另一個會議，或是到了外面接電話再回來。

相對起一小時或以下的簡報，這種會議當中全數觀眾都在席或是都在專心的時間會比較少，因而帶出了以下的幾種問題。

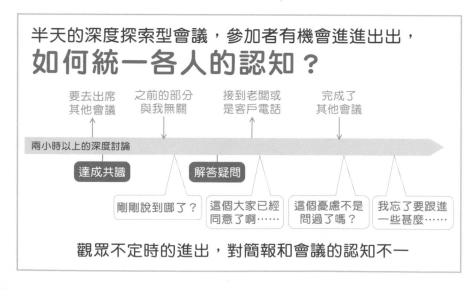

230

解決的方法其實很低科技，就是使用白板，不是先進的電子白板或是白板軟體，普通、傳統的白板就可以了。

在白板寫上三種重要的會議資訊

會議的進度

問：看投影片不就能明白現時進度了嗎？

答：簡報或會議的時間愈長，就愈有機會因為關鍵人員不在而臨時跳過或更改某些部分的次序

協議或決策

- 以防自己誤解協議字眼
- 減少會議後期再就決策議上再議
- 幫助自己簡報後做總結及同事作會議紀錄

問答及跟進

- 收錄重要或對簡報討論有引導性的問答內容
- 幫助觀眾自我提醒會議後的跟進事項
- 減少觀眾提出重複問題

白板本身只是一項工具，要好好應用來協助深度和長度兼備的會議，還有兩種撰寫方式。

在白板寫上會議資訊的範例

會議的進度

會議進度

專案背景
✓ 股票及基金的佣金計算
債券的佣金計算
✓ 結構性產品的佣金計算
佣金過高的交易數字
檢測及防治佣金過高的措施

現時進度就是在討論「佣金過高的交易數字」
接下來就是「債券的佣金計算」

在白板寫上會議資訊的範例

協議或決策

議決
1. 會計部與稅務局繼續下一輪會議（8/4）
2. 專案以10/6作為上線目標
3. 作業部門確認不能手動處理必須自動化

包含重要日程及會議決策

問答及跟進

關鍵問題
1. 出款第二重批核是誰？未定，信貸部跟進
2. 餘款檢查是否實時結果？實時
3. 餘款計算可否包含第三方抵押品？可以

包含關鍵而非所有的問答

上班族學習總結

1 深度與長度兼備的簡報和會議，觀眾未必全時間在席引致認知不一及重覆討論等問題

2 把重要資訊寫在白板上可協助觀眾追上會議進度
- 注意寫上白板的文字是給觀眾看的
- 把真正重要的寫下而不是所有內容

3 遙距會議仍可借助軟體功能模擬白板的作用

4-5 有些人說不應該把投影片逐行讀出來，為甚麼？

平衡分配口述與簡報內容

　　要改善簡報品質，最常聽見的忠告是，別在簡報時把投影片直接朗讀出來。然而這一種「照讀如儀」的簡報方式，卻一直沒有式微過。為什麼如此簡單的忠告，我們仍然會選擇這樣做？當中得到了些什麼，又失去了些什麼？就讓我們來探討一下吧！

直接讀投影片，因為想要節省自己的準備工夫

　　要是我們在有意或無意之間，選擇了「朗讀投影片」的做法，其實是想要節省三重工夫。

233

省時省力背後，朗讀投影片的問題 ─────────○

慢著，如果「朗讀投影片」的做法省時又省力，那麼反對的聲音是在吹毛求疵嗎？

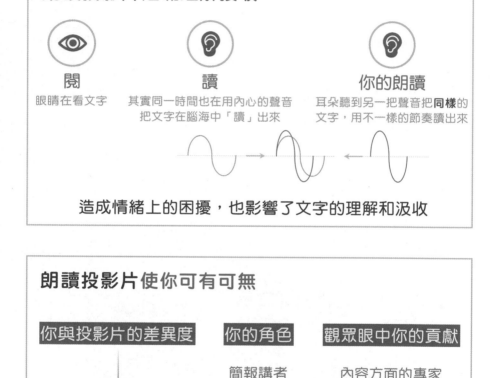

朗讀投影片阻礙理解接收

閱
眼睛在看文字

讀
其實同一時間也在用內心的聲音把文字在腦海中「讀」出來

你的朗讀
耳朵聽到另一把聲音把**同樣**的文字，用不一樣的節奏讀出來

造成情緒上的困擾，也影響了文字的理解和汲收

朗讀投影片使你可有可無

你與投影片的差異度

你的角色

觀眾眼中你的貢獻

0%

簡報講者

↓

簡報的配音員

內容方面的專家

↓

與臨時拉一把來參與、不相關的路人沒有分別

我們都渴望「被看見」，到了簡報的時候卻偏甘作平凡

成為了簡報配音員，會讓觀眾的投入感下降。要把投影片朗讀出來有三個方法，分別是轉身面向螢幕、躲在手提電腦後面、或是看著腳底的字幕機。為著要長期看著螢幕，因此以上每一個方法也會犧牲了與觀眾的眼神接觸，你的簡報不但沒有增值，而且也減低了與觀眾的互動。你有小聰明去節省工夫，觀眾也不是省油的燈。他們自己閱讀投影片內容的速度，一定會比你讀出來更快，每一次切換投影片到新的一頁，他們迅速把內容看完，便可以關上耳朵放空一會，或是察看一下手機。

如何平衡分配備忘與簡報內容

談理論很容易，當我們明白到不能把所有內容都放進投影片來朗讀的時候，又應該如何選擇投影片內容與講稿之間的分配呢？

- **首先投影片必須要顯示事實性的資訊（factual information），例如是日期、售價、地點、百分比、部門名稱等，這樣做可以避免因口誤而影響了訊息的傳遞。**
- **簡報中每部分的核心訊息都需要完整顯示在投影片上，發揮強調作用的同時也幫助觀眾日後重溫簡報時能記起。**
- **至於當中的解說則只需要放上關鍵字眼、圖示或是圖片，讓你的說話與身體語言來帶領推進。**
- **結論部分就把重心放回投影片上，讓觀眾抄錄或是拍照都會更方便。**

你可以把分配的方法當作是電影或是電視劇的預告片，有夠多材料引起觀眾興趣，讓觀眾了解作品的主題和重要場面，同時又夠少去令觀

眾想看想知更多，最終決定花錢花時間去觀看。

要是你擔心講稿太長會忘記某些要點，也可以利用講者備忘錄來作保險措施之用，但不是把完整句子放在備忘錄中，而是只寫關鍵詞和間歇性地偷看，否則你會很容易由朗讀投影片變成朗讀備忘錄，效果也依然會強差人意。

上班族學習總結

1. 如果照讀投影片，看似可以節省簡報規劃、設計和演練的功夫
2. 你的朗讀其實會阻礙觀眾去汲收投影片的內容
3. 當你和投影片沒有分別，你便會變得可有可無
4. 觀眾不是省油的燈，看穿了你只是讀投影片，自己看螢幕就好
5. 為了方便照讀，投影片常見的文字和資訊過載會自然出現

4-6 到分公司或客戶辦公室做簡報，如何避免意外出錯？

簡報之外的電腦、文具準備清單

當做好了對象分析、內容計劃、投影片設計、自我演練等等事前準備以後，終於來到了做簡報的一天了。為免有所缺漏，我們就來看一下，做對內和對外簡報，如何作最後的準備吧！

投影前你應該完成的電腦準備

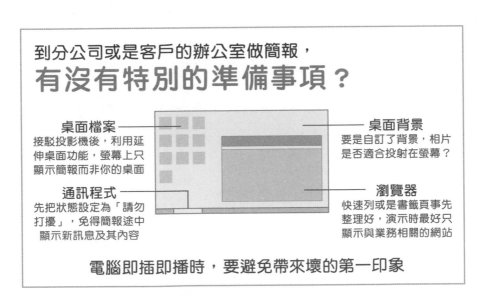

到分公司或是客戶的辦公室做簡報，

有沒有特別的準備事項？

桌面檔案
接駁投影機後，利用延伸桌面功能，螢幕上只顯示簡報而非你的桌面

桌面背景
要是自訂了背景，相片是否適合投射在螢幕？

通訊程式
先把狀態設定為「請勿打擾」，免得簡報途中顯示新訊息及其內容

瀏覽器
快速列或是書籤頁事先整理好，演示時最好只顯示與業務相關的網站

電腦即插即播時，要避免帶來壞的第一印象

會議室配有專用電腦的情況下，有兩個可能性，一是可以遠距登

入自己座位的電腦，需要留意的事情就如以上所述；另一種可能性就是要在這部電腦中登入自己的帳號，這時候的危機就是登入可能會需時很長，觀眾要在座和你一起在欣賞登入的過程。如果你的公司是這種設定，簡報前最好早一點到會議室先行登入。

線上遠距會議前你應該完成的準備

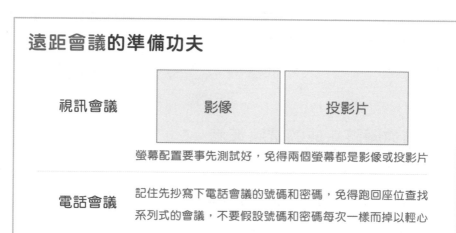

使用他人場地電腦的準備清單

在公司以外的簡報，可能是產品的推銷示範、代表公司出席商演活動、或是社會責任的公益分享等，與對內簡報的最大不同固然是觀眾、氣氛、場地的不確定性增加；而且在個人、專案、產品之上，你也會肩負起了公司的形象。

但與內部簡報一樣的是，提早到達也是不二法門。一方面避免通勤出現延誤，另一方面可提前測試設備，最重要的是讓自己透過適應環境來放鬆心情。不要由進會場開始走直線到位置座下，可以跟負責人或是接頭人寒暄一下，有意無意間也展示你和你的公司、團體對這個活動的興趣，要是簡報途中出現甚麼問題，也更容易得到主辦方的協助。

你可以選擇旁聽一下在自己之前的上一名講者，現場觀察一下台上台下的擺位，沈浸於觀眾的反應，如果他們已經興致缺缺，或是上一名講者的簡報超時，你也可以抽點時間修訂一下自己簡報時的語句及節奏。

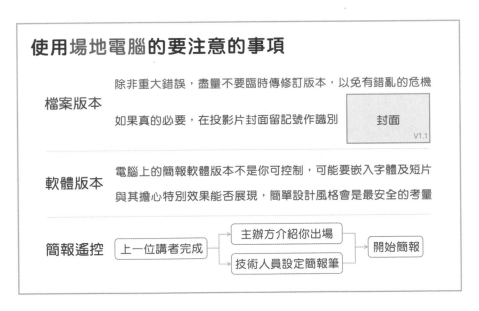

使用場地電腦的要注意的事項

檔案版本　除非重大錯誤，盡量不要臨時傳修訂版本，以免有錯亂的危機

如果真的必要，在投影片封面留記號作識別

封面　V1.1

軟體版本　電腦上的簡報軟體版本不是你可控制，可能要嵌入字體及短片

與其擔心特別效果能否展現，簡單設計風格會是最安全的考量

簡報遙控　上一位講者完成　→　主辦方介紹你出場　→　開始簡報

技術人員設定簡報筆

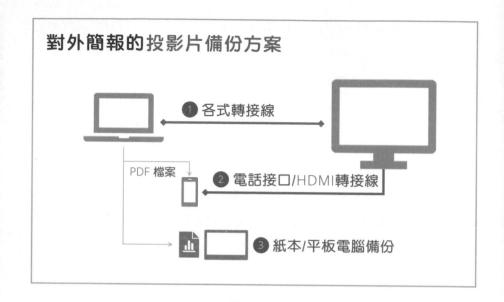

簡報時上網問題與文具準備清單

　　場地的問題，除了投影片以外，要是你的產品或示範牽涉網路，有一些客戶在辦公室有外聯網，但頻寬不一定足用。所以要做好自己的本份，準備隨身的 4G/ 5G 網路，要準備好充電線及事先檢查好上網用量。

　　談到電源，電腦的電源線、簡報筆 / 遙控的電池自然也是在設備清單中不可或缺。

　　在高科技的另一端，低科技也可以準備一下。有一些客戶或是簡報內容，在投影片以外，需要在白板上闡述算式的運算，或是複雜的邏輯，但最經常發生的是，會議室中的黑色白板筆用得太多寫不出來了，或是白板擦不翼而飛了。在這些情況下，也可以考慮帶上一些白板用的文具，讓客戶讚嘆於你的萬全準備吧！

外部簡報的最後一項設備，是最好帶上一瓶水。在公司內的簡報，很多時候大家都習慣了隨意拿起手機查看公司電郵；然而在其他人的公司裡面，就應該盡量避免。那麼遇上悠長的簡報或是會議那怎麼辦？這個時候喝一小口開水，除了解渴，也有動一下身體兼解悶的作用呢！

上班族學習總結

1 遇上是電腦即插即播的場地，先清理一下桌面和瀏覽器

2 遠距會議（視訊或是電話）最好先到現場測試

3 利用簽到名單方便分發會議紀錄及會後跟進

4 陌生的場地，早到場適應，與工作人員打招呼

5 要利用場地的電腦做簡報，設計從簡比較安全

6 投影片最好有線上線下的備份以防不時之需

7 不要期待場地一定有適合你的轉接線提供

4-7 第一次遠距做簡報，有哪些地方我應該多注意？

在全球疫情下，遠距工作慢慢風行了起來。面對面的簡報，也因為大家不再聚集於辦公室或是路演場合，機會變得少之又少。

那麼，有哪一些我們從前認定為金科玉律的簡報技巧，在遠距簡報下已經不再適用呢？或是有那一些新的技巧，值得上班族在新常態之中注意？

你還能設計全黑畫面嗎？

遠距簡報技巧的Unlearn:Fade to Black

黑色背景或是簡報途中按B鍵

現場簡報　　　　　　　　　　　　　　遠距簡報

讓觀眾目光集中在你身上　　　　Hello?

Can you hear me?

面對面簡報時，使用一張全黑色的投影片，或是 PowerPoint 中的 B 按鍵，銀幕都會成為一片黑色，將可以分心的東西全撤，讓觀眾的目光自然地重回到自己身上，成為一種切入點，説故事分享，或是話題之間的間奏。

要是在 Zoom/ Webex 等平台依樣畫葫蘆，大概只會換來一大堆「Hello?」「Can you hear me?」的回應，大家都以為訊號不良了。

少用動畫，考量頻寬速度

適量，而不過量的動畫固然能為簡報內容帶來動感，或是畫龍點睛的效果；然而如果今天主管要求重用一些之前製作好的投影片應用在視訊會議上面，就要了解與會人的地區和頻寬。

曾經試過公司內部的簡報，講者在歐洲而觀眾遍佈歐亞各地的辦公室。大概因為重用模板的關係，每頁投影片之間都設定了 push to left transition，結果轉場效果佔用了頻寬，導致聲畫不同步，當講者説到第十頁的時候，螢幕上的投影片仍未能跟上，內容不但傳達得不夠好，觀眾也很快會沒趣。

一定要用全畫面大圖嗎？

產品發佈會中愛用的全幕大圖技巧，因應智能電話及數碼相機的普及化，根本不愁解像度的不足，亦可以帶來震撼的效果。

遠距簡報有兩大種，有聲有畫的，或是只有聲沒有畫的，例如電話

會議。企業文化中有不少人喜歡事前要求投影片作 pre-reading，或是先印出來作寫筆記之用，同時好讓自己的眼睛在開會時稍為離開電腦屏幕一下。

要是有主管喜歡先印出來看，全幕大圖便要用得小心，以免紙張吸墨太多。全幕大圖如果是為了解釋複雜的概念或流程還好，如果是用沙漠大圖去介紹氣候變化，那麼還可能要忍痛調整一下吧！

有些上班族會採用兩個版本：以字為主的台下版，以及豐富視覺元素的台上版。然而要注意的是，有一些主管或客戶，發現自己手上的列印版和銀幕上展示的內容或頁數有出入時，哪怕你的出發點是良好，也會進入了恐將模式 panic mode。所以事前了解觀眾，的確有其需要。

講者不要離電腦太近

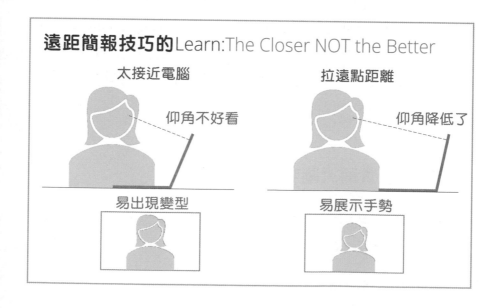

遠距簡報技巧的 Learn:The Closer NOT the Better

太接近電腦　　　　　　　　拉遠點距離

仰角不好看　　　　　　　　仰角降低了

易出現變型　　　　　　　　易展示手勢

把自己離電腦遠一點，哪怕是水平的眼光，仰角也會減少，而且也減輕了鏡頭變型的問題（顯得更瘦），更可以令自己的手勢能被拍進鏡頭之中，加強簡報的效果；把滑鼠線拉長一點或是使用無線控制器便可。後退一步，一舉三得。

多一點暫停與提問

在有聲沒畫的 teleconference 中，因為看不到觀眾的反應，你未必會知道觀眾對簡報內容有多理解，有沒有疑問。 適當的暫停便顯得重要，一方面讓大家透透氣，稍為對簡報內容沉殿一下，也暗示這是一個發問的時間（你不會傻得每次都在問有沒有問題）。

要是沒有人回應可怎麼辦？最好的情況是大家都清楚明白，但你也可以用以下的方式製造對話：

指名問問題：指名道姓也許不太禮貌，但可以問個別部門，例如剛剛完成有關預算的部分，可以指名問一下財務部有沒有回應或是新資訊分享，記住是要有關係的部門。跨區的會議也可以選擇以區分提出。

點出 action point：要是剛完成的部分有 action point，不用等簡報完成才重提，在暫停中可以說一下，一方面展示你對簡報流程、回應有充分了解及控制，萬一對方忘記了自己有 action point，也可令人提起自己的參與度。

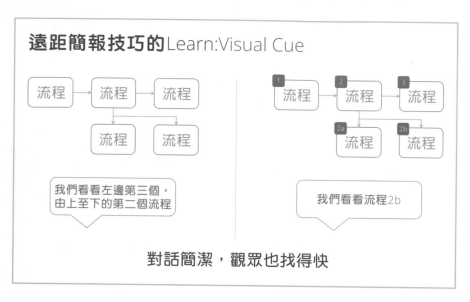

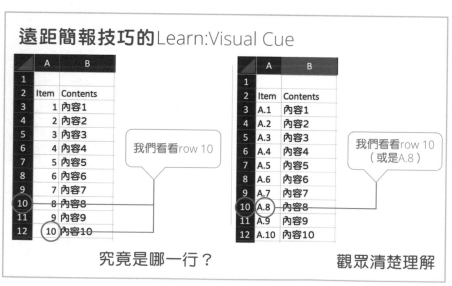

故意重複我們現在講到哪裡

　　遠距簡報中，觀眾分心是避免不了的事情；在會議室中還可以碰碰其他人的肘子，輕聲問一下剛剛説到哪兒；但在 chatroom 裡問就會很尷尬，有些人分心滑了一下手機，回應一下在家的兒女，錯過了又怕問，不但令投入度減低，決策時也可能缺少了重要的資訊。

　　要學會説慢一點，多重覆一下剛剛提到了甚麼，接下來到哪一頁；看上去也許會累人，但總有一兩個人，因為你的故意重覆而重新趕上了列車，心裡暗暗的感謝了你。

上班族學習總結

1 不要用全黑投影片這種吸引注意力的方法於遙距簡報上

2 跨國簡報要注意互聯網頻寬，動畫及轉場效果可免則免

3 把電腦或鏡頭從自己拉遠一點，能帶來更好角度和視野

4 主動製造發問或給予回應的機會

5 加強投影片的視覺提示設計

6 重覆去提醒觀眾簡報的進度

4-8 簡報筆是否值得投資？
有何使用密技嗎？

做好簡報講求心法和準備，要添置的 3C 設備，大概就只有簡報遙控筆而已。用上遙控有甚麼好處？甚麼功能最重要？充電式的和用電池的哪一種才好？上班族們入手前也先來看一下吧！

不少上班族自己都擁有或是見過其他人在簡報中使用簡報筆，它並不是昂貴的設備，但卻是一種值得的投資。顧名思義，簡報遙控是讓你在簡報的時候，自由自在的控制投影片的播放。當你沒有使用遙控的時候，大概會發生以下其中一個情況。

簡報筆是否是值得的投資？
可以分享使用的密技嗎？

未使用簡報筆時的三個情況

由他人替你按鍵操作

可以翻到下一頁嗎？

現在都甚麼年代了？

自己來回地踱步操作

免去中間人，少了不確定性
破壞節奏，使人分心

自己黏在電腦前操作

不令人分心，增加安全感
看不到動作，看更多螢幕
螢幕為臉上打出難看光線

簡報筆的按鍵位置最重要

簡報筆最大的好處：實體按鍵

不規則設計：
緊張時拿反了
也立刻知道

在漆黑的房間內，手垂下就可以盲按

✓ 憑觸覺及記憶能找到按鍵

✗ 偷偷垂頭望確認不會按錯

✗ 把簡報筆舉到胸口才按下

✓ 按下時沒有多餘動作出現

觀眾愈注意不到你按下的動作就愈好，愈不會分心

實體按鍵的設計，在簡報遙控上要小心選擇，很多人在意的是有多少額外功能，我自己覺得按鍵的位置和分佈更加重要。剛剛提到我喜歡「盲按」的操作，在不提起不察看遙控的情況使用。所以遙控拿在手裡的時候，形狀或是設計上我要立刻知道自己有沒有前後或是上下拿反了，簡報的時候會緊張或是長時間情緒繃緊，很容易把遙控在手掌心轉了幾圈，好的設計會讓我知道有沒有轉到拿反了。

另外按鍵之間最好有足夠距離，英文俗語有一句「fat finger」，就是心急大意時按錯了的意思，按鍵黏在一起就有機會出現這個情況。

簡報筆的關鍵功能按鍵

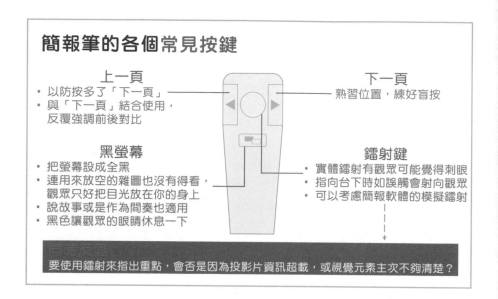

簡報筆的各個常見按鍵

上一頁
- 以防按多了「下一頁」
- 與「下一頁」結合使用，反覆強調前後對比

下一頁
熟習位置，練好盲按

黑螢幕
- 把螢幕設成全黑
- 連用來放空的雜圖也沒有得看，觀眾只好把目光放在你的身上
- 說故事或是作為間奏也適用
- 黑色讓觀眾的眼睛休息一下

鐳射鍵
- 實體鐳射有觀眾可能覺得刺眼
- 指向台下時如誤觸會射向觀眾
- 可以考慮簡報軟體的模擬鐳射

要使用鐳射來指出重點，會否是因為投影片資訊超載，或視覺元素主次不夠清楚？

有一些高端的遙控，可以配合電腦上的軟體，來設定按鍵的其他功能，需要注意的是，你在簡報時是利用自己的電腦比較多，還是要用客戶或是會場的電腦，畢竟在他人的電腦上未必可以隨時安裝軟體。

簡報筆的電源分別

簡報遙控的電源的兩大種，電池式或是充電式。電池的好處是到處都有備品，要是到其他地區、城市出差，突然有需要可以立刻在便利商店買得到；想環保一點的，可以購入充電電池，中價的簡報遙控多數都沒有電量顯示，所以每次簡報前換上新充好的電池就好，不用擔心中途缺電，而要在觀眾面前換電的尷尬。

充電式的遙控，固然比電池式的更環保，但要留意充電線是否生產商獨有的設計，也就是説如果出門遠行忘了帶甚至弄丟了，可否有其他代替品或是在 3C 商店買得到，否則光有亮麗外表而不能充電，簡報筆就白帶白買了啊！

簡報筆不需要是軍備競賽

就個人經驗和喜好來説，簡報遙控不需要是軍備競賽。

簡單設計、少按鍵、電池式，其實在很多場合已經足用。花錢買個貴的，並不會因此讓你的簡報變好。與其不斷追求新型號，把心思時間花在規劃、設計和練習你的下一次簡報，得到的進步會更多。

上班族學習總結

① 未有用上簡報筆的時候，假手於人或是自己接鍵都易令人分心
② 利用簡報筆的實體接鍵去練習盲按，選擇容易知道拿反的設計
③ 黑螢幕鍵令觀眾聚焦在你身上
④ 雷射鍵小心別面向觀眾時誤觸，也反思是否資訊是否過載
⑤ 充電式簡報筆要留意充電線是否廠商獨有格式

4-9　商業簡報理想與現實的距離，上班族最實戰的簡報學習提醒

　　不管你是初踏職場的新鮮人，或是由外勤轉職內務，商業簡報可能都帶著一股神祕的魅力。我們在日常都是透過網路或是大眾媒介接觸到商業簡報，少不免會對其有一些美好的想法和印象。然而，我們都身處在一個不完美的世界，所以不如我們就來看一下，商業簡報的理想和現實吧！

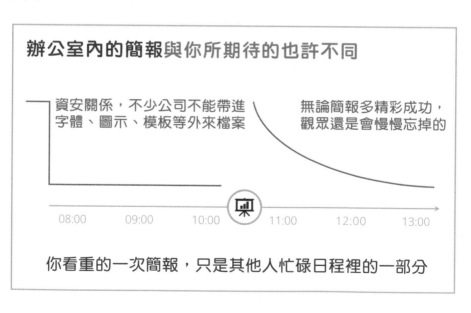

　　投影片設計不是不重要，但只是佔整個生態體系的一部分，見樹不見林的情況就好像穿著一身最新的專業裝備出現在球場上，但沒有練好

技術及跟隊友的配合，就無法爭取到勝利。

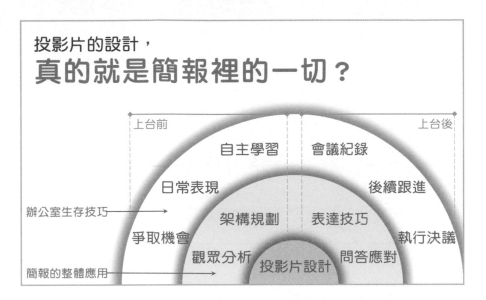

簡報學習的其中一項熱門話題，就是究竟微軟的、蘋果的，還是其他人的簡報軟體比較好。對我來說，哪一個選擇都好，也就是製作簡報的工具而已。我不覺得你選用某一種簡報軟體看起來會很笨，或是選用某一種軟體會立刻變得專業。與其花時間比較或是在眾多軟體中選擇，用好手頭上的工具更重要。

在搜尋器上輸入「presentation template」，會找到接近二十五億個搜尋結果，沒錯，簡報模板是一門很大的生意。你或許會疑惑，我對簡報如此的有興趣，這些年來應該儲存了成千上萬的模板了吧？坦白說，一個，也沒有。我寫作時配上的投影片，由設計到製作都是自己一手一腳做出來的。

現實情況是，世界上沒有一個簡報模板，能夠完美的配合你這一次簡報的需要。

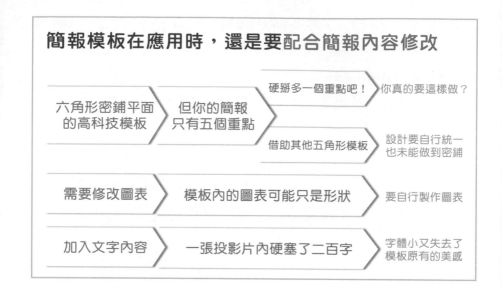

簡報模板在應用時，還是要配合簡報內容修改

六角形密鋪平面的高科技模板 → 但你的簡報只有五個重點 → 硬掰多一個重點吧！ 你真的要這樣做？

借助其他五角形模板 設計要自行統一也未能做到密鋪

需要修改圖表 → 模板內的圖表可能只是形狀 → 要自行製作圖表

加入文字內容 → 一張投影片內硬塞了二百字 → 字體小又失去了模板原有的美感

簡報做得好就會有掌聲？每次進步一點點就好

　　作為預備簡報的講者，難免有機會見樹而不見林；你所看重的一次簡報，其實只是觀眾繁忙日程表的一部分。有一些調查曾經指出，公司高層人員平均每天也會參與兩次或以上的簡報會議，作為觀眾的他們，未必會跟你一樣看重這一次簡報，也未必會就著你的付出而給予鼓勵。當你順利完成了簡報，回到了自己的座位，有一點失落感，其實是很正常的事。慢慢學習調節自己的目光，集中在於盡力達到簡報原訂的目標，然後嘗試在每一次簡報中進步一點點。

同事會看重我的簡報？要有耐心慢慢累積

　　同事們當然不是瞎的，你用心準備的簡報，他們會看得出與傳統設計的分別，多數會覺得「好看」、「沒有那麼悶」、「看上去吸睛」。

然而在他們當中，哪怕是作為觀眾的身份，不少的比例未能領略到你在規劃、設計和排版所花的努力，與簡報有效溝通兩者之間的關係，因而對你簡報的印象仍然會停留在「美」的階段，甚至有些時候會出現「都只是包裝而已」、「沒必要這樣做」的負面看法。要令其他人明白你的出發點，並不會是一朝一夕的事，別輕易感到氣餒。

可以發揮我的設計技巧？更專注資訊視覺化

企業內對簡報設計的制肘，其實比你要想像的更多。企業自身的簡報模板以外，無論是免費與否，不少公司都不容許自行安裝字體，而在資安問題或是勒索軟體的考慮下，有一些公司連在互聯網下載的文件檔案都會被阻擋住。因此如果你的簡報設計強項或風格，是基於自訂字體、網上模板、下載圖示、免費資源等，在這些企業內的發揮就會受到局限。這並不是世界末日，你可以考慮轉移設計重心到簡報版面設計及資訊視覺化，在商業環境裡仍然可以展現你的所長。

每次簡報都要做到最好？打最有利的仗就好

在辦公室的急速節奏中，你可以有充分時間去準備簡報的情況其實不需多。我當然不是說這是一個做出爛簡報的理由，只是有一些情況下，你要有準備做出取捨。可能是匆忙做好的，以文字為主的簡報，或是跟自己上一次做的沒有甚麼分別或進步的設計。你需要選擇性地投放你的時間和精力，在一些對部門較重要的、或是容易讓你被人看見的簡報才發揮出你的水平；在其他的場合裡，你對自己的要求，要稍為調低一點。現實的資源不是無限，你只能夠打最有利的仗。

【View 職場力】2AB962

全圖解！避開 99% 簡報地雷：
職場商業簡報實戰懶人包

作者	鮑浩賢 Levin
責任編輯	黃鐘毅
版面構成	江麗姿
封面設計	任宥騰
行銷企劃	辛政遠、楊惠潔
總編輯	姚蜀芸
副社長	黃錫鉉
總經理	吳濱伶
發行人	何飛鵬
出版	創意市集
發行	城邦文化事業股份有限公司
	歡迎光臨城邦讀書花園
	網址：www.cite.com.tw
香港發行所	城邦（香港）出版集團有限公司
	香港灣仔駱克道 193 號東超商業中心 1 樓
	電話：(852) 25086231
	傳真：(852) 25789337
	E-mail：hkcite@biznetvigator.com
馬新發行所	城邦 (馬新) 出版集團
	Cite (M) SdnBhd 41, JalanRadinAnum,
	Bandar Baru Sri Petaling, 57000 Kuala
	Lumpur,Malaysia.
	電話：(603) 90578822
	傳真：(603) 90576622
	E-mail：cite@cite.com.my
印刷	凱林彩印股份有限公司
	2022 年 (民 111) 3 月 初版一刷
	Printed in Taiwan.
定價	380 元

如何與我們聯絡：

1. 若您需要劃撥購書，請利用以下郵撥帳號：
郵撥帳號：19863813 戶名：書虫股份有限公司

2. 若書籍外觀有破損、缺頁、裝釘錯誤等不完整現象，想要換書、退書，或您有大量購書的需求服務，都請與客服中心聯繫。

客戶服務中心
地址：10483 台北市中山區民生東路二段 141 號 B1
服務電話：（02）2500-7718、（02）2500-7719
服務時間：週一至週五 9：30 ～ 18：00
24 小時傳真專線：（02）2500-1990 ～ 3
E-mail：service@readingclub.com.tw

※ 詢問書籍問題前，請註明您所購買的書名及書號，以及在哪一頁有問題，以便我們能加快處理速度為您服務。

※ 我們的回答範圍，恕僅限書籍本身問題及內容撰寫不清楚的地方，關於軟體、硬體本身的問題及衍生的操作狀況，請向原廠商洽詢處理。

※ 廠商合作、作者投稿、讀者意見回饋，請至：
FB 粉絲團‧http://www.facebook.com/InnoFair
Email 信箱‧ifbook@hmg.com.tw

國家圖書館出版品預行編目資料

全圖解！避開 99% 簡報地雷：職場商業簡報實戰懶人包 / 鮑浩賢 Levin 著 .-- 初版 -- 臺北市；創意市集出版；城邦文化發行，民 111.3
面； 公分

ISBN 978-986-0769-88-3（平裝）
1.CST: 簡報

494.6 111002418